高等院校艺术设计精品教程

顾问 杨永善 丛书主编 陈汗青

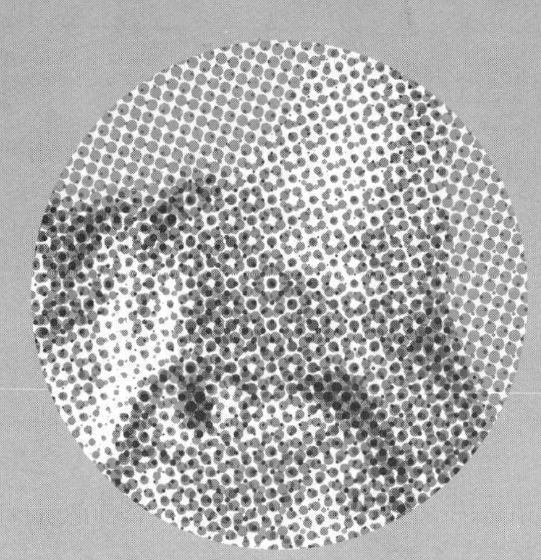

印刷设计

周林一 编著

華中科技大學出版社
http://www.hustp.com
中国·武汉

高等院校艺术设计精品教程

编 委 会

序

中国经济的持续发展，促使社会对艺术设计需求持续增长，这直接导致了艺术设计教育的超速发展。据统计，现在全国已有1 000多所高校开设了艺术设计专业，每年的毕业生超过10万人。短短几年，艺术设计专业成为中国继计算机专业后的高等院校第二大专业。经历了数量的快速发展之后，艺术设计教育的质量问题成为全社会关注的焦点。

正如中国科学院院士、人文素质教育的倡导者、华中科技大学教授杨叔子所说："百年大计，人才为本；人才大计，教育为本；教育大计，教师为本；教师大计，教学为本；教学大计，教材为本。"尽快完善学科建设，确立科学的、适应人才市场需求的教学体系，编写质量高、系统性强的规划教材，是提高艺术设计专业水平，使其适应社会需求的关键。华中科技大学出版社根据全国许多高等院校的要求，在精品课程建设的基础上，由国家精品课程相关负责人牵头，组织全国几十所高等院校艺术设计教育的著名专家及各校精品课程主讲教师，共同开发了"高等院校艺术设计精品教程"。专家们结合精品课程建设实践，深入研讨了艺术设计的教学理念，以及学生必须掌握的基础课与专业课的基本知识、基本技能，研究了大量已出版的艺术设计教材，就怎样形成体系完整、定位清晰、使用方便、质量上乘的艺术设计教材达成了以下共识。

1. 艺术设计教育首先应依据设计学科特点，采用科学的方法，优化知识结构，建构良好的、符合培养目标的教育体系，以便更好地向学生传授本学科基本的问题求解方法，并通过基本理论知识的传授，达到培养基本能力(含创新能力和技能)、基本素质的目的；注重培养学生的社会责任感，强化设计服务于社会、服务于人类的思想，从而造就适应学科和社会发展需要的高级设计人才。

2. 艺术设计基础课教学要改变传统的美术教育模式，突出鲜明的设计观念，体现艺术设计专业特色，探索适应21世纪应用型、设计型人才需求的基础教育模式。

3. 艺术设计是一门实践性很强的学科，社会需要大批应用型设计人才，因此教材编写应力求以专业基础理论为主，突出实用性。

4. 艺术设计是创造性劳动，在教学方法上要通过案例式教学加以分析和启发，使学生了解设计程序和艺术设计的特殊性，从而掌握其规律，在设计中发挥创造精神。

5. 艺术设计是科学技术和文化艺术的结合，是转化为生产力的核心环节，是构建和谐社会不可缺少的组成部分。艺术设计的本质是创新、致用、致美。要引导学生在实训中掌握设计原则，培养创新设计思维。

6.“高等院校艺术设计精品教程”将依托华中科技大学出版社的优势，立体化开发各类配套电子出版物，包括电子教案、教学网站、配套习题集，以增强教材在教学中的实效，体现教学改革的需要，为高等院校精品课程建设服务。

令人欣慰的是，在上述思想指导下编写的部分教材已得到艺术设计教育专家的广泛认同，其中有的已被列为普通高等教育“十一五”国家级规划教材。希望“高等院校艺术设计精品教程”在教学实践中得到不断的完善和充实，并在课程教学中发挥更好的作用。

国务院学位委员会艺术学科评议委员会委员

中国教育学会美术教育专业委员会主任

教育部艺术教育委员会常务委员

清华大学美术学院学位委员会主席

清华大学美术学院教授、博导

杨永善

2006年8月19日

前言

现代艺术设计是科学技术与艺术观念相结合的复合体，印刷复制是平面设计成品的主要展现形式。在平面设计领域内，不论印刷成品尺寸的大小、内容的繁简，只要是以印刷复制为最后展示方式的设计作品，均需要按照印刷的工艺要求进行规范化的设计。印刷设计是平面设计专业的学生，将设计思想通过印刷技术得以完美实现所必须掌握的基本专业技能。

自人类发明印刷术以来，印刷品就成为人类传播知识、记录历史的重要载体。从中国古代的木刻雕版印刷到活字印刷，由原始的手工印刷到现代的机械印刷，印刷术始终伴随人类社会的科技发展而进步。科技革命使现代印刷的含义发生了巨大变化，计算机技术的数字化流程管理，使印刷的工艺流程更加简化，质量却更加稳定可靠。尽管计算机使整个印刷行业发生了变化，但是在很大程度上，印刷品的质量还是由印刷媒体中文字、图形、图像的构成决定的，即通过版面设计、排版和装帧设计来体现其品质。设计师在设计一件印刷品之前，他必须对艺术设计的基本规律要有所掌握，能熟练地运用计算机设计应用软件进行有效率的工作。要知道：印刷只是一种工艺生产技术，这种技术是为了完美的再现和大量的复制设计作品和传播设计信息服务的。印刷技术本身并不能替代艺术家的专业设计工作来完成作品，而设计艺术家必须熟悉印刷的工艺要求和规范，使自己的工作能在印刷工艺规范的约束下获得最大的自由，在有约束的环境中挥洒自己的才能，只有这样，才能完美地将自己的作品呈现给观众。

印刷术既是一门学问，也是一门技术，它有深入的理论和严格的操作工艺规范。随着科技的快速发展，印刷技术、设备、材料、工艺流程也在不断变化。平面设计学科的学生不可能如同工科学生一样来学习印刷技术。通过此课程的学习，如果能做到在将设计作品交付印刷厂付印之时，使设计作品与印刷过程很好的衔接，也就达到了印刷设计课程学习的目的。

鉴如此，本书着眼于介绍规律性、常识性的印刷知识，力求通过具体而真实的案例分析，让设计类的学生掌握印刷的基本理论与工艺流程，使平面设计专业的学生能在设计实践中遵循印刷的工艺规范，熟悉印刷的工艺流程，从而使设计作品通过印刷这一传播形式得到最好的展现。

在本书的写作过程中，得到了深圳市多艺印刷有限公司董事长蓝颖先生和深圳报业集团苏蕴芊女士、游天云先生的大力支持；在华中科技大学出版社王连弟副社长的帮助指导下，本书得以顺利出版，在此一并表示诚挚的感谢。

本书不完善之处，敬请有关专家、学者和广大读者批评指正。

周林一

2008年6月

目录

第一章 印刷设计工具系统

YINSHUA SHEJI GONGJU XITONG

第一章 印刷设计工具系统

本章导言：在印刷复制的前期设计阶段，计算机硬件和软件系统是现代印刷设计的必要工具。设备硬件的高端构成虽然会大大提高设计工作的效率和成品精度，但也会成倍地提高印刷复制的成本。在行业分工明晰的工艺流程中，仅仅用于设计工作的计算机系统，可以将输入和输出端的工作交付专业的输入、输出公司，也可依靠比较经济合理的设备组合进行工作。

现代平面印刷设计主要是以计算机来进行辅助设计的。计算机桌面出版系统意味着可以在一台计算机上完成文字的录入与编辑、图像的扫描与处理、图形元素的设计和页面的编辑与组版；与输出设备相连接后，个人计算机就能够实现页面图文的分色与加网，并最终输出制版胶片。在数字化印刷管理流程中，现代平面印刷设计可以达到设计、印刷、印后加工质量的最佳统一。远程网络数据交换的实现，使设计和印刷的周期不会受到空间距离的限制，数字化图文印前处理也使整个印前工艺一体化，各种软件和各种数据格式的标准化和兼容性，保证了数据文件转移的顺利畅通。过去，文字录入和图像复制技术属于一项专业化程度很高的工作，通常是由传统印前专业人员完成的，但现在这部分工作已经可以由平面设计人员自己处理了。

扫描仪价格的走低和扫描质量的日益提高，让几乎所有人都能进行图像处理。实际上大部分广告公司、设计公司目前几乎完全承担了版式设计、图文合一乃至数字页面的制作任务，最后提供给印刷部门的是可印刷的数据化文件。

第一节 平面设计计算机系统

在现代平面设计的实际操作中，计算机辅助设计已是必然的选择。平面设计计算机系统与专业印前计算机系统不尽相同，但使用目的却一样。与专业印前设计系统一样，平面设计系统的硬件也分输入、处理、输出三个部分，工艺流程几乎一样，但输入、输出端的设备配置却不同。平面设计系统的输入、输出设备不可能如专业印前系统一样高端，设备精度也没专业印前系统那么高。（见图1－1）

平面设计的扫描图片分设计用图片和制版用图片两种。初期的设计用图片可以使用一般的平板扫描仪输入，图像的分辨率不一定很高，这样可以很好地控制文件量的大小，提高设计工作的效率。制版用图片则必须通过专业输入公司输入，以保证图片印刷要求的精度。与专业印前输出菲林、制版概念不一样，平面设计稿的打样仅仅是被用作校对文本及检查设计稿的图文排版效果，是为以后的制版输出提供一个文件参照，因此，一般的喷墨打印机已完全能够胜任。移动存储设备对设计师来说很重要，它是将设计成品从设计室转移到制版公司和印刷厂的常用工具。

以平面印刷设计的工作流程和技术要求来配置计算机系统，简单实用的计算机就能开展设计工作了。设备的配置首先要根据工作的实际需要来选择，在经济条件许可的范围内选择较高档的设备，无疑将大大提高设计的工作效率。应该肯定的一点是，印刷平面设计的精度要求很高，因此图像输入业务一定要通过专门的输入公司代理，一般的设计公司没必要添置高端的输入设备，而且经济上也不合算。（见图1-1）

一、计算机硬件

(1) 输入设备：A3、A4平板扫描仪，800万以上像素数码照相机。

(2) 图文处理设备：配置较高的PC机或苹果机。

(3) 显示器：图像编辑调整要选择平面直角显示器。（由于液晶显示器存在一定的角度、颜色视差和易受外部环境光线的影响，对图像颜色的调节不太容易把握，因此尽量不要选择液晶显示器用于图像修改和显示，但液晶显示器可用于版面编排和文字处理。）

(4) 输出设备：普通A4喷墨打印机。

(5) 移动存储设备：移动硬盘、U盘、光盘等。

(6) 网络连接：设置局域网，用于设计室内部多台计算机进行资料共享和设计文件转移；连接外部网络，用于向输出中心和打印中心传送文件和设计稿。

二、计算机软件

(1) 图像处理软件，如Photoshop。

(2) 图形处理软件，如CorelDraw、Illustrator、FreeHand。

(3) 文字表格处理软件，如office2003。

一般平板扫描仪或数码相机图片输入→PC机图文处理编排→喷墨打印输出校对稿

图1-1　平面设计的计算机系统配置和工作流程

(4) 排版软件，如PageMaker、InDesign。

(5) 看图软件，如ACDSee。

(6) 文字扫描软件，如OCR。

有了以上设备和软件配置，即可开始设计工作。在形成电子文件后，可通过移动硬盘或网络传送到输出中心输出菲林，从而完成印前设计工作。

平面设计对设备的要求并不高，图片的输入可以交给专门输入公司按印刷精度扫描，实物图像可以通过数码照相机拍摄，输出工作可以交付专业输出中心输出制作菲林。而平面设计师的工作重点则是如何将创意发挥到极致，按印刷工艺的要求制作精美的设计稿。

第二节　彩色桌面出版系统

与平面设计计算机系统配置不同，由于印前设计出版系统要承担精度很高的专业图片处理工作，因此对配置要求较高。一般将印前设计的设备配置称为彩色桌面出版系统，而彩色桌面出版系统又有设备硬件、应用软件之分。彩色桌面出版系统的硬件是指组成系统的计算机和各种外围设备，即输入设备、图文信息处理设备、图文存储设备、输出设备四大部分。输入设备包括扫描仪、数码照相机；图文信息处理设备主要是指计算机主机、显示器；图文存储设备包括硬盘、可读写光盘、移动硬盘、光盘和U盘；输出设备包括彩色喷墨打印机、激光照排机、数码印刷机、CTP直接制版机等。

一、输入设备

将文档手稿输入计算机，成为可编辑的数字文档，其过程并不复杂。印刷对图片扫描质量要求高，而图片的数字化处理必须通过专用的计算机输入设备，先将图片原稿扫描到电脑，才能对图片进行编辑和修改。专业的图片输入设备有滚筒扫描仪和专业平板扫描仪两种，这两类扫描仪的结构和工作原理、功能、扫描质量都有区别。从扫描的原稿来分类有透射稿和反射稿、柔性材料稿和刚性材料稿，不同类型的扫描仪适用于不同类型的特定任务。另外，数码照相机以其数字化的存储方式在快速获得图像上也成为最常用的输入设备之一。

1. 扫描仪

扫描仪通常使用的有两种，即滚筒扫描仪和专业平板扫描仪。

(1) 滚筒扫描仪。滚筒扫描仪是满足最高要求的图像采集设备，是由电子分色机发展而来的。滚筒扫描仪的原稿架是滚筒状的，在透明的滚筒上，仅能安装柔性的原稿。在工作时，将原稿贴附在滚筒上，原稿随滚筒高速旋转，通过光电转换，扫描由原稿反射或透射的光线，并将光线分解成红、绿、蓝(RGB)三原色；之后，将图片的图像色彩以数字格式记录下来。通常，它能处理透射负片或正片以及反射原稿。根据扫描图片的幅面大小，滚筒扫描仪配备有大小不同的滚筒，以方便扫描。有些扫描仪在外形上有所改变，如海德堡公司的探戈滚筒式扫描仪，扫描滚筒一改常规的水平放置为垂直放置，这样既能节省空间，也有利于提高扫描速度。滚筒扫描仪精度很高，是高档印刷品图片输入

的常用工具。（见图1-2）

(2) 平板扫描仪。平板扫描仪问世虽然只有十几年的历史，但其市场需求却出现了飞速增长的势头。随着扫描仪用途的扩展，普及型扫描仪正在走进千家万户，成为必不可少的电脑输入设备。

平板扫描仪与滚筒扫描仪的操作方式是不同的。平板扫描仪是将需扫描的原稿放置在原稿玻璃平台上，并用一个荧光灯或卤素灯光源照明，从上方对透射原稿照明，反射原稿则从下方照明。扫描平台的尺寸决定了可扫描原稿的尺寸大小，一般平板扫描仪分A3和A4两种基本尺寸。平板扫描仪可以扫描不同的原稿，能够扫描任意厚度的刚性原稿，如书籍或裱贴在硬板上的图画等。而在滚筒扫描仪上，有些硬质原稿则因无法固定到弯曲的滚筒表面而不能实现扫描。

高端平板扫描仪性能好，适用范围广，既能扫描反射原稿，也能处理透射原稿。也有一些简易型号的平板扫描仪附带菲林（胶片）扫描装置，可以扫描透明片基的胶片原稿。在获取透明片基的图片扫描信号时，有专门扫描反转片的胶片扫描仪。高性能的专业级平板扫描仪已经接近滚筒扫描仪的质量，但到目前为止，平板扫描仪比滚筒扫描仪还明显的相形见绌，还难以达到滚筒扫描仪的分辨率及密度值，特别是难以采集到透射原稿非常暗的区域内精细的色彩变化。但在实践中，当今的平板扫描仪已经在质量和生产效率上能够很好地满足多种应用要求了。（见图1-3）

2. 数码照相机

数码照相机是摄影术发明一百多年来最重大的技术性突破，它彻底改变了传统摄影术使用感光胶片和暗房处理的约束，改变了传统照相机记录、存储信息的方式，以其数字化的存储方式为摄影领域以及原稿制作领域带来了新观念。在数码照相机技术高速发展的今天，数码摄影达到光学摄影的成像品质已经是很寻常的事情，同时也正是由于其便捷、快速的摄影过程和图像品质的卓越，数码照相机在印刷设计的前期图像获得上已成为最方便快捷的工具，也提高了获取图像的工作效率，省去了图片扫描的工

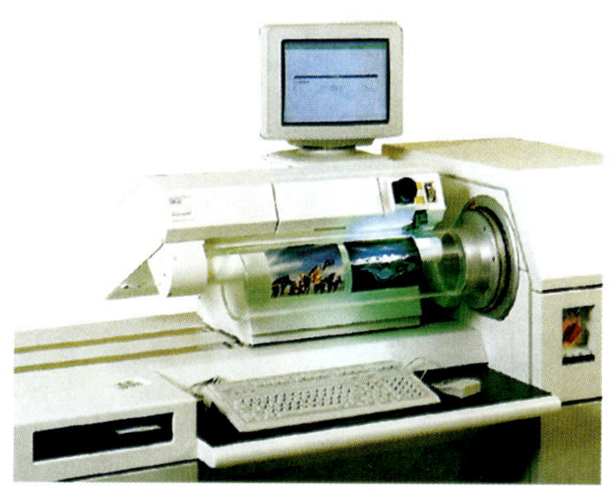

图1-2 海德堡滚筒式扫描仪

其最高光学分辨率25000 dpi，扫描图像可通过网络直接连接至PC机或苹果机上。原稿类型：透射稿及反射稿／正片／负片／连续调／线条／彩色／黑白扫描；滚筒尺寸：大滚筒510 mm ×650 mm；中滚筒510 mm×450 mm；小滚筒250 mm×210 mm。

图1-3 爱普生平板扫描仪

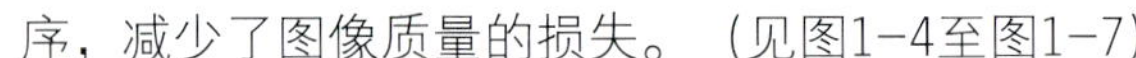
序，减少了图像质量的损失。（见图1-4至图1-7）

数码照相机是一种采用电荷耦合器件作为感光器件的照相机，拍摄时将客观景物以数字方式记录在照相机的存储器中。和扫描图像一样，数码照相机获取的也是RGB三色图像信息。一般的数码照相机拍摄的图片均以RGB模式和JPEG储存格式保存在储存卡上，高档专业数码照相机可以同时以RAW格式和JPEG格式记录图像。RAW格式假定图像将用计算机进行后期处理，是一种接近以往胶片式照相机所拍摄的原始数据图像。RAW格式图像需要使用数码照相机随机专用软件才能打开，在计算机中打开的RAW图像可以转换成TIFF格式保存。不同档次的相机拍摄的图片尺寸会因为相机硬件设备的不同而有所区别，在采用数码照相机拍摄的图片进行设计时，要注意将图片分辨率和尺寸加以调整，以达到印刷的精度要求。

数码照相机可分成一般家用相机、准专业相机和专业相机三类。从相机结构上来看，家用相机均为固定镜头，拍摄的照片一般在700万像素上下；准专业相机和专业相机基本上都为单镜反射式相机，镜头可以拆卸调换，拍摄分辨率大部分为800万~1000万像素以上，也有的高档专业相机的像素更高。

像素是图像构成的基本单元。一幅图像由许多像素构成，图片质量的好坏与每英寸上像素的多少有关。像素越高，图像就越清晰。要

图1-4 固定镜头的一般家用数码照相机

图1-5 可转换镜头的佳能高级专业数码相机

图1-6 Mamiya ZD 2200万像素高级专业数码相机

图1-7 数码相机为图片拍摄提供了很大的便利

检查数码照相机拍摄的图片是否能用于印刷，方法是用图像编辑软件Photoshop把图片打开，将分辨率改为300 dpi，图片大小改为印刷将要达到的尺寸，放大至100%查看，如果此时图片仍然边缘清晰，层次分明，颜色鲜艳，那就达到了印刷的要求。

摄影技术是每一个平面设计师要掌握的专业知识，也是设计师的辅助技能，很多设计项目都必须通过摄影来获取图片。如果设计师能熟练操作数码照相机，能按照设计项目的内容选择拍摄的角度、光线，布置拍摄的环境和色彩，那所获得的图片对提高设计作品的品质和视觉效果将大有好处，也就能大大提高设计工作的效率。

二、图文信息处理设备

1. 计算机主机

图文处理设备主要是由不同档次的计算机组成的。决定计算机处理能力的主要参数有：CPU的型号、计算机主频频率、内存容量和硬盘容量等。计算机的主频越高，CPU的运算能力越强，计算机的速度就越快。通常可以从计算机型号上得知主频频率和CPU的型号，如9600／233、G3／266等，前者使用PowerPC 604e芯片的CPU，主频为233 MHz，后者使用PowerPC G3芯片的CPU，主频为266 MHz。

内存容量是影响计算机工作速度的另一个重要因素。内存是计算机工作时的工作空间，待处理的图像都要放到这个工作空间中，因此，处理幅面大的图像就需要更多的内存。如果内存不足，在工作时就要频繁使用硬盘的空间，这就会直接降低工作的速度。单纯处理文字的计算机配置不需要太高，但如果要处理图片和印刷组版，配置就要高一些。一般印前设计可能是由多台计算机构成联网工作系统，如果按不同的使用目的设置计算机配置，就可以提高工作效率，降低硬件设置成本。

由于印刷图片处理要占用很大的存储空间，因此用于平面设计的计算机内存应该大于一般计算机，待处理的图像越大，要求的内存也就越大。一幅16开幅面的彩色图像占用计算机的存储空间大约为25 MB，在用Photoshop进行处理时，要使用4倍左右的空间（即100 MB）进行图像的缓存。如果内存较小，就要使用硬盘作为缓存空间，其处理速度就会明显变慢。计算机硬盘用于储存文件，其硬盘越大，保存文件的容量就越大；如果设计大型的印刷项目，硬盘不要小于40 GB。

由于设计软件的原因，在过去的平面设计和印前设计工作中，一般都使用苹果计算机(Mac)，在微软Windows操作系统面世之后，PC机的应用发展十分迅速，以前只能在Mac机上使用的设计应用软件已经能在PC机上使用，而PC机的价格又比Mac机要低很多，其性能升级也很方便。因此，现在在平面印刷设计的工作实践中，PC机的使用率比Mac机要高。但是从性能的稳定、色彩还原的准确和操作界面的简洁来说，Mac机有明显的优势，因此，在专业的印前图片处理企业还是较多使用Mac机。

2. 显示器

计算机显示器是平面印刷设计工作中调配色彩、处理图像、制作图形、组合版面的一个预览窗口。在处理图像的色彩关系上和在观察色彩的准确性方面，显示器的亮度、色温及环境光源的影响都起着重要的作用。虽然说计算机辅助平面设计是“所见即所得”，其实只是相对而言，印刷品复制的颜色不可能与显示器上显现的颜色完全一样。因此要经过精心调整显示器的参数，使得设计的预期颜色与最后的成品色彩尽可能达到一致，也尽可能保证设计师的视觉期望。

PC机显示器的调试方法步骤如下。

（1）在Windows系统中，将显示器的亮度和对比度按钮置于中间正常位置。

（2）打开控制面板下的显示项，将显示器的分辨率设置为800×600 75 Hz，或1024×768 75 Hz，设置“颜色质量”栏的颜色位数大于24 bit（位），桌面颜色设置为灰色；为避免对图像颜色产生影响，把显示器的dpi显示设置为96 dpi。

（3）在系统中安装好显示器的相关驱动程序和色彩管理文件，并选择显示器的色彩管理ICC Profile文件。

（4）调整好显示器的色温。色温是表示光源光谱质量最通用的指标，是人眼对发光体或白色反光体的感觉。一般来讲，中午日光色温为6500 K，白炽灯色温为2700 K，荧光灯色温为7500 K。色温低，光源颜色偏红；色温高，光源颜色偏蓝。电脑显示器的白光也有一个色温值，是指其白色颜色色度特征。White point就是指显示器的色温值。显示器的色温值设在5500～6500 K之间，所显示的颜色才符合制版分色的要求。（见图1-8、图1-9）

显示器应该放置在室内日光不会直射的避光位置，室内照明最好是在日光灯恒定照明状况下，这样可以避免周围环境光线对显示器颜色产生的影响。

用于图像处理的计算机显示器的质量很重要，显示器分辨率要求显示的颜色与实际印刷品的颜色差别越小越好。尤其是对用于图像扫描和图像处理的计算机，一般要求采用真彩色显示卡，至少是显示上万种颜色的显示卡，这样显示的图像才比较逼真。计算机屏幕越大，分辨率就越高，在屏幕上能显示的内容就越多，组版时就越方便。通常用于组版的计算机显示器要求大一些，这样组版时可以免去来回放大图像的麻烦。

三、图文存储设备

图文信息处理的结果要暂时或长期保存，印刷设计文件与制版公司、印刷公司之间的文件交换，都需要文件存储

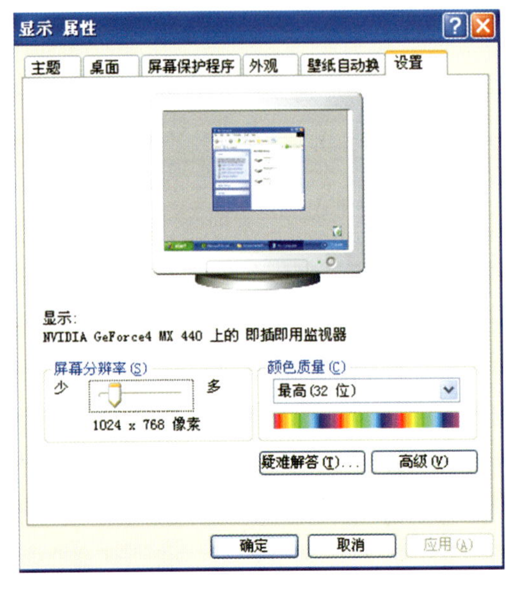

图1-8　显示器色彩调试示意图

图1-9　显示器的图像显示颜色模式为RGB模式，显示分辨率为72～96 dpi

设备。不同桌面出版系统之间文件的交换需要存储设备的写入和读出，作为创作或设计基础的现有图片等也需要以存储设备记录并读出。上述所有应用要求决定了存储设备在桌面出版系统中的重要性。

文件存储设备分固定和移动设备两种形式。固定硬盘容量的大小变化很快，现在使用100 G以上的硬盘很普遍，但价格相对较贵。在配置计算机硬件时，要根据工作的使用情况进行合理配置，注意设备的性价比。移动存储设备近几年来发展很快，容量也很大，为设计师的文件交换提供了很大的方便。

1．硬盘

硬盘是计算机硬件构成的重要部分。硬盘是利用磁电介质存储数据的装置，分为内置硬盘和外置硬盘两种，是用来长期保存数据文件的大容量设备。由于用于平面设计的计算机硬盘被用来储存大量的图形、图像和文本文件以及相关的版面设计文件，所以硬盘的容量不能小于40 G。

2．可读写光盘

可读写光盘又称MO。MO的优点是可以反复擦写且性能稳定，但MO盘片的存储空间一般只有640 MB，而且只能用MO驱动器读写。在更加方便的新型移动存储设备大量面世之后，MO的使用已逐渐减少。

3．移动硬盘

移动硬盘是设计师用于交换文件的最方便工具，其容量大，速度快，性能稳定，可反复擦写文件。移动硬盘是由移动硬盘外盒加计算机内置硬盘构成的。内置硬盘是手提式计算机或桌面计算机所用的硬盘，其容量极大，规格有20 G、40 G、80 G、120 G等。移动硬盘使用USB线连接计算机，存储速度快，使用方便，安全可靠，是现代传递电子文件时的最方便的便携式工具之一。

4．光盘

光盘的文件记录必须在专门的刻录光驱中完成，可以在普通光驱中读出。光盘分为可擦写光盘和一次性刻录光盘两种。可擦写光盘可以反复使用，是方便的文件传送工具；不可擦写的一次性刻录光盘是廉价的文件载体，往往是一次性使用的，也是长期保存个别文件的很好形式。光盘的容量不是很大，但由于其便于携带，读取文件通用性强，价格又便宜，因此也是目前应用较为普遍的一种电子文件载体。

5．U盘

U盘也称为闪存盘，体积小巧且精致，方便携带，其容量随着电子科技的发展在稳步扩大，目前已经有超过1G的U盘面世。U盘通过计算机USB接口连接，存储速度很快，是继移动硬盘之后的又一方便的移动存储设备，也是运用最为普遍的计算机外部存储设备。

四、输出设备

1．彩色喷墨打印机

当平面设计完成之后，设计稿必须打样才能交付客户校对签字，经过校样修改之后才能进入下一道印刷工序。打样是设计师检查版面编排、色彩关系、图片精度和设计作品整体视觉效果的最好方式。彩色喷墨打印机价格便宜，墨水可以很方便的置换，打印质量均能达到反映设计成品面貌的效果，因此一般平面设计制作公司和广告设计公司都将

图1-10 爱普生喷墨打印机

图1-11 国产激光照排机

图1-12 惠普数码印刷机

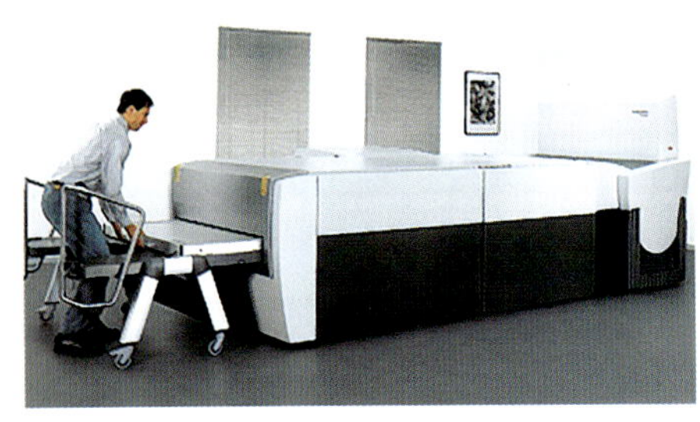

图1-13 海德堡CTP直接制版机

彩色喷墨打印机作为设计校样的首选设备。但由于彩色喷墨打印机不是真实的加网印刷方式，所用墨水与油墨的色彩反应不一样，打印用纸也与印刷用纸不同，所以打印的色彩要比印刷色彩艳丽，故不能代表印刷的真实面貌，更不能作为印刷质量的参照，只能作为用于检查设计效果和图片文本校对的样稿。（见图1-10）

2. 激光照排机

用于印刷的平面设计作品，在校对、检查、修改后，必须先输出四色胶片才能制版印刷。目前应用比较普遍的设备是激光照排机，它的工作原理是以激光为光源，将电子文件在感光胶片上曝光，将彩色版面分解成青（C）、品红（M）、黄（Y）、黑（K）四色分色胶片，经过拷贝、晒版之后，形成PS（presensitzed plate）金属版，再上机印刷。（见图1-11）

3. 数码印刷机

数码印刷是现代印刷技术中的一种全新的印刷方式。数码印刷是通过电子文件交换的方式，直接传输设计文件，输出印刷成品。这一技术减低了人为因素在输出中的影响，保证了每一张印刷品的相同品质。它不但是大批量胶版印刷的前期打样方式，也是小批量、短版印刷的最好选择。数码印刷的样张能真实地反映印刷成品的色彩面貌，能为印刷复制提供可靠的检验依据。（见图1-12）

4. CTP直接制版机

随着科技的进步，印刷制版技术发展迅速。在一些大规模的制版企业，使用新型的CTP(computer to plate)直接制版设备。其优势是在接受电子文件后，可直接输出可供印刷的PS版，这不但省去了输出四色胶片、晒版的工序，大大提高了生产效率，也能更准确地还原原稿的色彩，从而保证了印刷的最佳质量。（见图1-13）

第三节　印刷设计应用软件

印刷设计应用软件包含图像处理软件、图形绘制软件、页面排版软件三部分。在制版过程中，每种软件既有不同的特点、功能，相互之间又有所重叠；既不能完全相互替代，也不能独立完成所有设计工作。因此，合理的软件配置可以充分发挥硬件的优势，提高工作效率，协同完成工作。

一、图像处理软件

图像处理软件处理的对象是由扫描仪产生的点阵图像。所谓点阵图像是指图像的内容和颜色都是由单独的像素点组成的，组成图像的像素点越密，图像就越精细，反之就越粗糙。

Photoshop是由Adobe系统集成公司开发的图像处理专业软件，是当前平面设计和印前图像处理以及数码摄影图片处理的最常用软件。使用Photoshop软件可以对扫描图像进行拼接、剪裁、旋转、放大缩小、变形、颜色和阶调调整、分色、图像挖空和其他特殊效果等处理，甚至可以对图像中的每一个像素分别进行处理。Photoshop是电脑创意最主要的工具，它也可以进行文字的编排和版面的处理。但是，由于存储文件占用的空间过大，对于文字的处理没有图形软件和排版软件那么方便，因此在实际的设计工作中，Photoshop主要用于处理图片和制作特殊效果的像素文字。Photoshop可以对适用于打印、Web、印刷和其他任何用途的图像进行处理，它已成为设计者的必用工具。（见图1-14）

由于点阵图像处理占用计算机存储空间较大，所以使用Photoshop需要很大的内存，这对计算机的性能要求较高。

二、图形绘制软件

图形绘制软件主要以点、直线或曲线绘制图形，利用颜色的变化渲染效果。用这种方法画出的每一条直线、曲线或色块都作为一个整体单元，可以任意放大或缩小，边缘始终清晰光滑。所有的操作都是对这个整体单元进行的，而不是对这个单元中的像素进行的（见图1-15）。这是图形与图像在本质上的区别。绘图软件占用的计算机存储空间很小，输出质量主要取决于输出设备的分辨率。另外，曲线图的绘制速度快，修改方便，对计算机的要求也比较低。最常用的图形绘图软件有Corel公司的CorelDraw、Adobe的Illustrator、Mac的FreeHand等。

图1-14　Photoshop软件的应用

Photoshop软件能对图像进行各种处理，是设计师手边重要的应用工具。

图1-15　图形绘制软件绘制的图形

图1-16 CorelDraw软件启动界面及绘制的矢量图形

图1-17 Illustrator软件启动界面

1. CorelDraw

CorelDraw是世界一流的平面设计矢量图软件，是目前专业设计人员使用最多的平面设计应用软件工具。CorelDraw功能全面，使用灵活。使用该软件可以绘制各种曲线、圆形、多边形、椭圆形、星形、螺旋形等，也可以手绘自由曲线，处理位图图像。CorelDraw软件具有强大的美术文本和段落文本的处理能力，能制作变化多样的美术文本，能编排由段落文本与图像混排的版面，能在各种路径中排列文字，能绘制变化多样的矢量插图，也能将位图图像导入处理成矢量图形，还能将手写书法字体进行矢量化处理。在封面设计、广告设计、包装设计、字体设计和插画设计等方面，CorelDraw软件为设计师提供了无限的创作空间，是一个功能齐全的软件包，深受PC机用户的喜爱。(见图1-16)

CorelDraw软件在导入图像进行版面设计时，导入的是整个图片文件，而不是与图片形成链接关系。所以当导入的图片过大和数量较多时，会使得当前处理的文件数据过分庞大。如果此时计算机配置过低或打开多个软件同时工作的话，就会导致计算机的运转速度很慢，甚至出现“死机”现象。

2. Illustrator

Illustrator是美国Adobe公司为苹果计算机设计的专用矢量图软件，是出版、多媒体和在线图像的标准插画程序。Illustrator软件具有文字输入、编排和图形制作的强大功能，与Adobe公司的其他系列软件（如Photoshop、PageMaker、InDesign）都能很好的兼容，是设计师和插画师在苹果计算机系统中使用最多的图形设计工具。（见图1-17）

3. FreeHand

FreeHand也是平面设计师使用较多的矢量图设计软件之一，它是美国Macromedia公司于1987年为苹果计算机的使用所推出的应用软件，在矢量图形制作中有着重要的地

位，深受使用苹果计算机系统的设计师的喜爱。(见图1-18)

三、页面排版软件

页面排版是将文本、图形、图像、底色、色块有机地组合在一起，按照设计者的要求将图文信息排列，形成最终的成品页面，最后打印输出。比较为用户接受的专业组版软件有Adobe公司的PageMaker、InDesign等。它们可以精确地定位文字和页面中的元素，可以任意定义文字的尺寸及行距，还可以绘制简单的图形并给图形上色，并且也可以同时处理多个页面，进行页面编码及页面合订。（见图1-19)

页面排版软件的缺点是绘制几何图形的功能比图形软件差。这种软件只能绘制一些简单的图形。另外，在文字的特技处理方面也不如Photoshop、CorelDraw等软件。

组版软件与图形软件既有相似之处，又有不同的地方。一般的绘图软件可以用来与文字组版，而组版软件也可以绘制简单的图形。但图形软件的文字处理功能较弱，不适合被用来处理有大量文字的版面；相反，它适合文字较少、设计要求较高的版面，如杂志封面或广告宣传品。在处理有大量文字的版面时，还是应使用专业排版软件，特别是在处理书籍、杂志的内页版面时，排版软件有其明显的优势。

在运用软件进行设计工作时，不同的软件功能的组合运用，能发挥各自的软件优势，从而提高工作效率和工作质量。作为一名成熟的设计师，应该熟练掌握并使用基本设计软件，只有这样，才能在工作中得心应手，快捷高效。

图1-18　FreeHand软件启动界面

图1-19　页面排版软件启动界面

思考题

1. 用于平面印刷设计的计算机配置与专业印前图像输入、输出计算机系统的硬件配置的区别是什么?
2. 为什么液晶显示器不适合用于印前图像处理工作?
3. 用于印刷设计的计算机软件主要有哪几类? 各有什么主要功能?

第二章
图形、图像处理与文件格式

TUXING TUXIANG CHULI YU WENJIAN GESHI

第二章　图形、图像处理与文件格式

本章导言：图形、图像处理是印刷品设计处理工作中的重点。矢量图形由计算机图形软件绘制而成，其清晰度不受放大倍率的影响，能始终保持轮廓边缘的光滑。图像来源于扫描输入或数码相机拍摄输入，也可以通过绘图软件描绘产生，图片的清晰度（分辨率）受像素的制约，不能随意放大。图像的分辨率有扫描分辨率、显示器分辨率和输出分辨率，图像在印刷复制时要根据不同印刷形式的要求设置印刷网线。在设计工作中，图形、图像的处理技术要求不同，应用目的也不同，因而文件的保存格式也不同，文件格式的选择对文件的传输和工作的效率均有很大的影响。

第一节　图形和图像的基础知识

印刷设计处理的图片对象有图像和图形两类。图像和图形是性质不同的两种对象，因此它的产生和在计算机中处理的方法也不相同。图形可以任意放大或缩小，且始终保持清晰；而图像则受到像素的限制，在过于放大时其边缘会出现锯齿状，导致图像模糊。（见图2-1）

图2-1　图形和图像

一、图形

图形又称为矢量图，矢量图由矢量的、用数字对象定义的直线和曲线组成。图形是由直线或曲线、关键点的坐标并按一定的数学描述形成的对象。由于计算机处理图形时使用的是坐标值和曲线公式，不是组成图形的具体像素，而且与分辨率无关，因此图形可以任意扩大或缩小，其边缘始终光滑，并且可以移动、缩放或修改颜色，而不会丢失数据信息。矢量图主要用于表示物体的线条轮廓、线条形的图画、工程图、美术字等，其画面主要是由直线、圆、圆弧、矩形、任意曲线和图表等组成的。矢量图的格式非常适用于三维空间。另外，矢量图的文件量很小，占用计算机的空间也少，所以其处理速度比图像要快很多。矢量图可以放大任意倍数，使用任何分辨率打印输出都不会丢失任何细节和降低清晰度。（见图2-2）

图形可由图形软件绘制而成，也可通过软件对像素图的轮廓进行处理描绘而成，即将图像文件转换为图形轮廓描绘文件。但由像素图转换的矢量图，随着轮廓曲线的复杂描绘，使得文件细节过于复杂，文件量也相应增大。

二、图像

图像又称为位图或像素图。位图图像是使用像素点来表示图像的，构成图像的基本单元是无数个像素点，而每一个像素点又有确定的位置和颜色值。在Photoshop中处理位图时，编辑的是像素点而不是图形或对象。图像的像素点越多，其包含的信息量就越大，图像就越清晰，层次也就越细腻；文件量是随着像素的增加而扩大的，所以它占用的计算机的空间也就多。

图像主要通过扫描或数码摄影获得，也可以由绘图软件绘制。由于像素的分布表现出图像中细微的层次和颜色变化，因此图像适合表现细节丰富、明暗层次复杂、颜色变化多样的画面。位图图像所用的操作命令会导致细节上一定程度的损失，进行的操作越多，最后图像的偏差也就越大。

计算机处理的图像有三种模式：黑白二值图、灰度图和彩色图。

1. 黑白二值图

计算机处理的图像二值图指单色、没有层次的线条图和文字，比

图2-2　矢量图

如一些黑白文字和企业LOGO等。黑白二值图不仅仅指黑白二色，只要是没有层次的单色都可以作为二值图编辑。黑白二值图像没有层次变化，只能表示一种均匀的颜色，占用计算机资源较少。（见图2-3）

2. 灰度图

灰度图指单色、有层次变化过渡的图像。如单色照片，一般主要指黑白明暗变化的照片。灰度图只能表示出颜色的层次变化，不能表现出颜色的冷暖变化，在胶片输出时，只输出一张胶片，占用计算机空间比彩色图要少得多。灰度图的产生，可以通过扫描黑白照片得来，也可以将彩色照片在图像处理软件中转换成灰度照片。（见图2-4）

3. 彩色图

图像的彩色模式分为RGB三色彩色图和CMYK四色彩色图。RGB图像是由红、绿、蓝三原色组成的，而CMYK四色彩色图像模式是直接与印刷相对应的颜色模式。RGB模式的彩色图像不能直接用来印刷，而直接用于印刷的图像一定要采用CMYK模式。在输出前，必须先将RGB图像转换成CMYK模式的图像，即分色。分色可以在图像处理软件Photoshop中完成，但有的扫描仪在扫描时就可以分色。当图像转换成CMYK模式后，从显示器上看到的图像颜色最能接近印刷的颜

图2-3 黑白二值图

图2-4 灰度图

色，也只有CMYK模式才能输出四色胶片。（见图2-5）

三、彩色图像的显示模式

1. RGB色彩模式

绝大多数可视光谱可用红色、绿色和蓝色（RGB）三色光的不同比例和强度的混合来表示。在这三种颜色的重叠处产生青色、品红色、黄色和白色。由于RGB颜色合成可以产生白色，因此也称它们为加色。加色是将所有颜色加在一起可产生白色，即所有的光都被反射回眼睛。加色用于光照、视频和显示器。计算机显示器就是使用RGB模型显示颜色的。RGB 图像通过三种颜色或通道，可以在屏幕上重新生成多达1 670万种的颜色；这三个通道转换为每像素为24（8×3）位的颜色信息。在16 位通道的图像中，这些通道转换为每像素为48位的颜色信息，具有再现更多颜色的能力。RGB 是标准颜色模型，但是所表示的实际颜色范围仍因应用程序或显示设备而异。RGB彩色图像相当于三个单色灰度图像组合在一起，因此，它所占用的计算机的空间是灰度图的3倍。

RGB色彩模式是视频色彩模式。如果图片应用于网络、视频播放和显示器电子媒体展示，则要选择RGB模式。（见图2-6）

2. CMYK色彩模式

RGB模式的彩色图像不能直接用来印刷，在输出前必须先转换成CMYK模式的图像。CMYK 模式以打印在纸上的油墨的光线吸收特性为基础，当白光照射到半透明油墨上时，色谱中的一部分被吸收，而另一部分被反射回眼睛。理论上，青色（C）、品红色（M）和黄色（Y）色素合成时，吸收所有颜色并生成黑色。它们的呈色原理为减色法混合，即CMY等比例混合产生黑色，不同比例混合产生各种各样的颜色，这些颜色因此称为减色。CMYK颜色空间是印刷油墨形成的颜色空间，不同的一组原色油墨可以得到不同的颜色复制范围。同样的网点比例，不同的原色油墨得到的颜色也会不同，因此CMYK颜色空间也是与设备相关的颜色空间。由于所有打印油墨都包含一些杂质，总带有其他色彩成分，因此100%的黄、100%的品红、100%的青油墨印刷混合时，产生的不是黑色，而是一种深褐色。要表现出真正的黑色，必须与黑色（K）油墨合成才能生成真正的黑色，因此要在印刷中增加一个黑

图2-5　彩色图

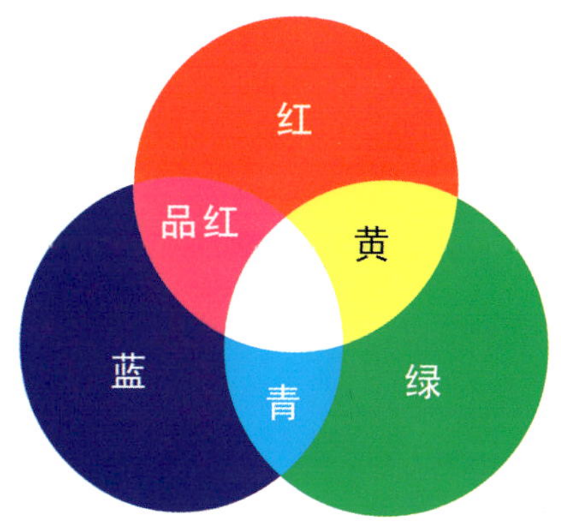

图2-6　RGB色彩模式

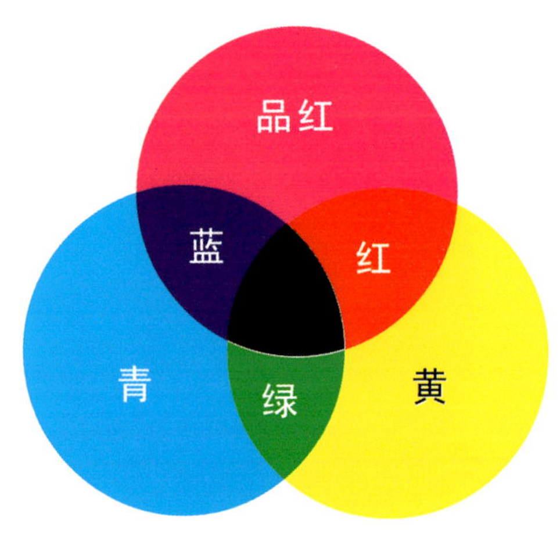

图2-7　CMYK色彩模式

色版，利用黑色油墨来校正叠合后产生的颜色偏差。在印刷设计中，通常用百分比来表示CMYK各自的含量。另外在平版印刷中，由于是间接印刷方式，墨层较薄，品红、黄、青三色油墨叠合后密度值较低，因此增加黑墨就可增加密度，提高印刷产品的密度反差。CMYK模式是印刷分色的要求，CMYK模式的图像颜色具有四个通道，在输出菲林时就产生黄、品红、青、黑色四张菲林片。将这些油墨混合重现颜色的过程被称为四色印刷。（见图2-7至图2-9）

扫描输入计算机的图片均为RGB模式。如将图像由RGB模式转换成CMYK模式时，可以在图像处理软件Photoshop中完成。CMYK四色彩色图像模式是直接与印刷相对应的颜色模式，它由四个单色的图像复合而成，而且每一个单色图像对应一个印刷色版，因此它所占用的计算机的存储空间是单色灰度图的4倍，是黑白二值图的32倍。所以它是占用计算机空间最多的一种模式。

在将图片由RGB模式转换为CMYK模式后，图片的颜色会明显变暗淡。这是因为CMYK模式是印刷油墨模式，不能完全地反映出RGB模式

图2-8　CMYK四色印刷示意图

图2-9　任何复杂的彩色画面在印刷复制时都是由CMYK四色叠印而成的

色彩空间的所有颜色。在图片输入电脑后，可以先进行图片的去脏、清晰度调整工作，然后转换为CMYK模式进行颜色处理。因为RGB颜色模式转换为CMYK模式后颜色还会有所改变，所以转换模式后再调整颜色也可以避免再次调整，从而提高工作效率。印刷图片一定要转换为CMYK模式，因为用RGB模式印刷出的图片颜色不能正确地反映出图片色彩。在输出菲林之前，一定要仔细检查图片是否已转换为CMYK模式。

RGB模式的图像可以转换成CMYK模式，反之，CMYK模式的图像也可以转换成RGB模式。不过编辑图像时要避免模式的反复转换，因为每一次模式的转换都会造成图像质量的损失，造成图像质量的不可逆改变。

在图像的编辑过程中，彩色模式图像也可以转换成灰度模式图像，或者反向操作，即将灰度模式图像转换成彩色模式图像。在灰度模式图像转换成彩色模式图像时，颜色上是不可能转换成彩色的，但文件量却增大了几倍。彩色模式图像不能直接转换成黑白二值图像，中间必须经过灰度图模式。

第二节　图像的分辨率

一、图像的分辨率与像素

在数字化图文印前处理过程中，图像原稿要通过图像输入设备进行扫描，将其变成数字化的信息，随后进入计算机处理系统，进行文字排版、图像修正、分色、创意等处理，之后将图文组合成页面，形成可以记录的版面信息，再送到输出记录设备上，记录成胶片或印版。在这个流程中，图像扫描输入、加网和记录输出都与“分辨率”有关。由于各工作环节使用设备的不同以及设备的级别和专业与非专业设备的区别，可以把分辨率分为扫描分辨率dpi （dot per inch）、显示器分辨率ppi （pixel per inch）、印刷网点加网线数分辨率Lpi（line per inch 线/英寸，简称印刷分辨率）以及打印机和激光照排机输出分辨率。在设计界，通常都是以dpi的大小来作为衡量图像分辨率的标准的。

图像的大小（image size）是指图像的物理尺寸，如长6 cm，宽8 cm；图像的文件大小（file size）是指创造一个数字图像的电子像素的数目，通常以千字节（kilobyte）为计量单位。图像的成像质量取决于其分辨率，图片的分辨率与像素有密切的关系，像素数越大，图像就越清晰。一幅图像在单位长度上显示的像素数，通常以每英寸包含的像素数ppi 为单位。（见图2-10）

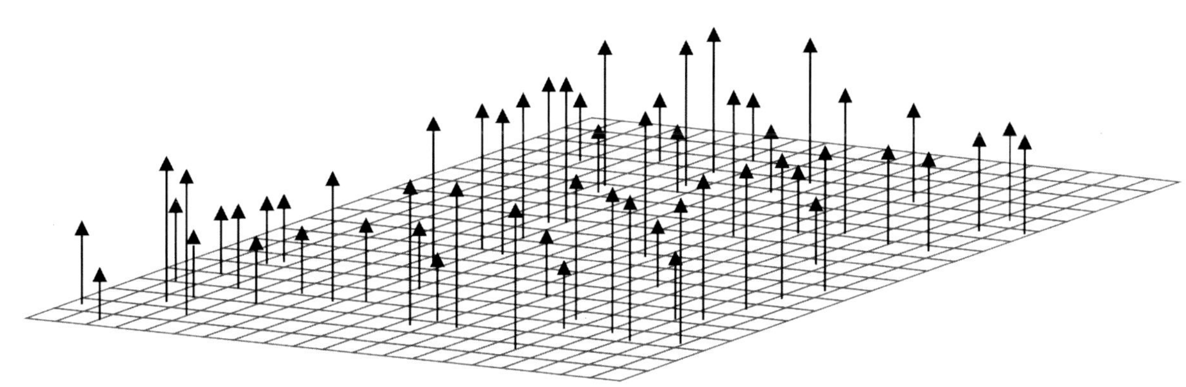

图2-10　像素示意图

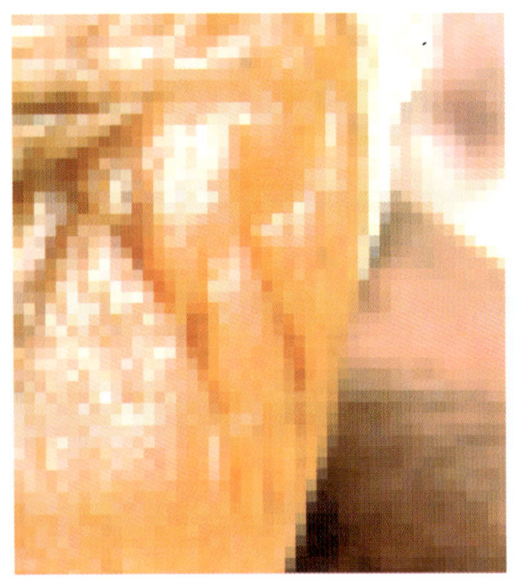

图2-11 人物图像（一）
将一幅分辨率低的图片扩大会导致图像模糊。

像素是构成图像文件的基本单元。具有高分辨率的图像比具有低分辨率的图像包含更多的像素。例如，在分辨率为72 ppi的1英寸大小的图像中，共包含了5 184个像素（72 ppi高×72 ppi宽=5 184 ppi），在同样1英寸大小、分辨率为300 ppi的图像中，则包含了90 000个像素。一幅图像的清晰与否依赖于图像的分辨率，具有高分辨率的图像通常比具有较低分辨率的图像能表现出更多的细节和细微的颜色的变化。分辨率越高，层次就越细腻，颜色变化就越微妙，图像所能表达的细节信息也就越丰富。

图像的分辨率和像素的尺寸是相互独立的，在Photoshop中可以改变分辨率的大小，但不可能提高图片的像素。如果仅仅根据图片的固有像素来提高图片的分辨率，则不可能提高图片的质量，而只能增加图片的文件量，占用更多的存储空间。将位图图像的尺寸放大时，可能有两种选择：一是扩大图像的分辨率，比如将72 dpi的图像调整为300 dpi，这意味着要生成更多的数据，使文件增大，会使现有的图像细节模糊，甚至会产生失真（见图2-11）；二是使像素变大，扩大图像的物理尺寸，这会降低分辨率，可能产生畸变，出现锯齿状边缘等问题（见图2-12）。因此，要想使较低分辨率的图像达到印刷的目的，不能只通过图像编辑软件来提高像素使图像变清晰，最佳的选择是按印刷的精度要求重新输入图像。

二、扫描仪分辨率

扫描仪的分辨率一般用每英寸的像素数ppi或每英寸的点数dpi来度量。扫描仪的分辨率分为光学分辨率和插值分辨率。光学分辨率是指扫描仪的光学部件在每平方英寸面积内所能捕捉到的、实际的光点数，是由光学系统、CCD光电单元每英寸实际采集的点数共同决定的。CCD扫描仪的真实光学分辨率是指扫描仪CCD的物理分辨率，也是扫描仪的真实分辨率。高分辨率的扫描仪扫描获得的图像可达到精细放大的要求。插值分辨率由扫描仪的硬件和软件对图像进行处理，并对其空白部位进行补充，使获得的图像层次更分明、分辨率更高。因此，一般扫描仪会有光学分辨率和最大分辨率之说。在扫描图像时，扫描分辨率设置得越高，生成的图像文件也越大，插值成分也就越多。虽然这种插值过程避免了放大图像中出现可见的像素结构，但插值的像素对图像的清晰度和层次并没有多大影响。

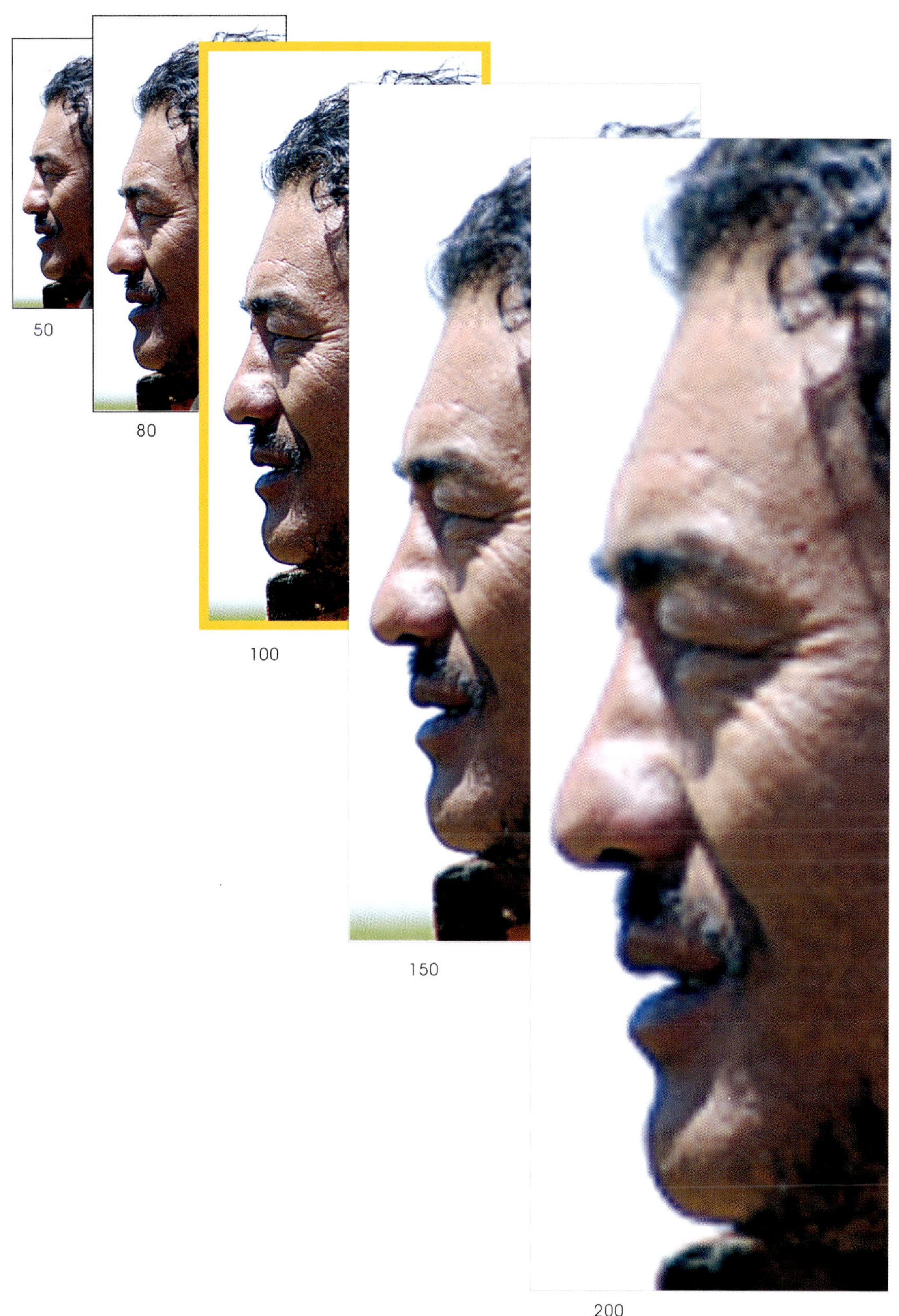

图2-12 人物图像（二）

当一幅图片缩小时，图片的像素数没有改变，图像依然清晰；当图片扩大时，虽然像素数也没有改变，但像素点被扩大，图像也会根据扩大的倍率出现越来越明显的锯齿状边缘。

三、显示器分辨率

在平面设计实践中，有这样一种情况：在计算机屏幕上观察图片，看起来很清晰，输出印刷时却比较模糊。这是因为计算机显示器的分辨率为72~96 dpi，而图片印刷的精度要求在300 dpi以上，一幅低于300 dpi的图片在屏幕上看起来是清楚的，但往往不适合于印刷。要想知道图片是否达到印刷的精度，应该在将其设置为300 dpi的情况下，在打印尺寸（print size）下显示，检测其是否清晰。 在设计中，一幅图像在屏幕上的显示尺寸与实际打印尺寸不同，这是因为当图像的分辨率高于显示器分辨率时，图像的显示尺寸就比实际尺寸大。例如，在分辨率为72 dpi的显示器上浏览一幅144 ppi的图像时，1×1英寸大小的面积在屏幕上就显示为2×2英寸，因为在显示器上每英寸只能显示72个像素点，所以需要2英寸来显示144个像素点。如果图像的分辨率与显示器分辨率一样，图像的显示尺寸就会与实际输出的尺寸大小一样。要想知道一幅图像的实际输出大小，可以在Photoshop中的打印尺寸中观察。

四、印刷分辨率

印刷分辨率指印刷网点加网线数，即每英寸的挂网线数（网线）。所谓网线是由网点组成的线，挂网线数的单位是Lpi 。对印刷而言，并不是图像分辨率越高就越好。600 dpi和1000 dpi的图片在印刷后，在视觉质量上是看不出它们的区别的。如果分辨率太高，图片的文件量就越大，处理和传输的时间也就越长，这样对工作的效率大有影响。如何确定图片印刷的最佳分辨率，可以用下列公式检测：

最佳分辨率＝2×印刷网点加网线数

常见的印刷加网线数是：报纸为80~120，胶印纸印刷为120~150，铜版纸印刷为150~300。由此可以得出，报纸的图片最佳分辨率为160~240 dpi，胶印纸图片的最佳分辨率为240~300 dpi，铜版纸印刷图片的最佳分辨率为300~600 dpi。使用太低的分辨率印刷图像会造成颗粒化，输出也粗糙；使用太高的分辨率将会增加文件量，降低输出速度。在某些印刷方式中，使用过密的网线可能会使印刷效果适得其反。譬如丝网印刷的网线如果过密，在印刷的过程中就会造成糊版，使图片的细节得不到反映；在报纸印刷中，如果设置的印刷网线数过高，不但印刷出的图片不会更细腻，反而会由于墨层的重叠渗透，在一些暗部细节上形成没有细节的一片暗黑块。

五、印刷图片的加网

印刷工艺对设计原稿的还原复制过程是先将彩色设计稿进行色分解，分成青（C）、红（M）、黄（Y）、黑（K）四色色版，形成黑白图像的负片；之后，通过加网，构成网点负片，然后拷贝，晒成四色版（PS版）；再通过四色油墨印刷叠加组合，使彩色图稿得到真实的再现（见图2-13）。

图像的层次与颜色的关系主要依赖于印版中的网点组合，因此印刷中的网点是图像重现的基础元素。加网是印前处理中不可缺少的一项内容。其做法是把印刷复制的图像区域按照行列分割成许多“网格”，在每个网格内部可以制作出一个网点。一般来讲，原稿图像的深浅不同，网点面积占网格面积的比例（网点面积率）就不同，网格的排列方向也不同，由此就形成了不同的网线角度，而加网线数则是描述了网格排列的疏密程度（见图2-14）。加网线数的含义是：沿着网线角度的方向，单位长度内包含的网点数的多少，单位是线／in或线／cm。这里的“线”是指网点构成的线，即“网线”。

印刷复制图像只能采用网点再现原稿图片的连续调层次。原稿图片加网后，即形成无数个按一定规则排列的细小网点，而每个网点占有的空间位置又由加网线来决定。如：网点数150 Lpi，表示在1英寸的面积内有150个网点；加网50%，指网点在其空间位置上占据了50%的面积；加网100%，指完全覆盖了网点空间位置；加网0，则表示该面积内没有网点，即这个面积将没有油墨覆盖。网点的形状一般分为圆形、方形和链形点。另外，还有一些表现特殊视觉效果的加网，如过渡网、波浪网、沙目网、同心圆网等，在印刷的复制上可以产生特别的效果。印刷品的色彩通过CMYK四色网点在印版上的不同排列角度，经过观者的视觉空间混合呈现出来。如同印象派绘画的点彩技法，任何复杂细腻的颜色其实只是印刷四色的点状组合构成，每种颜色以不同的角度排列。一般的彩色印刷中，青色为15°、红色为75°、黄色为90°、黑色为45°，单色印刷的网点角度多采用45°。以45°排列的网点在视觉上感觉最为舒适且不易察觉网点的存在，容易形成连续色调自然变化的效果。（见图2-15）

图2-13　实物图像

印刷的图片均由一定角度的网点叠合而成，使用专业放大镜可以观察到网点的排列情况。

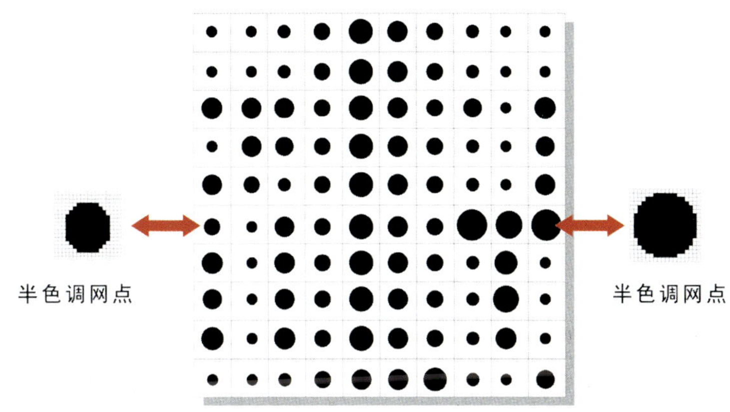

图2-14　印刷网点示意图

印刷网点分布在一个个方形面积中，网点大，颜色就深；网点小，颜色就浅。

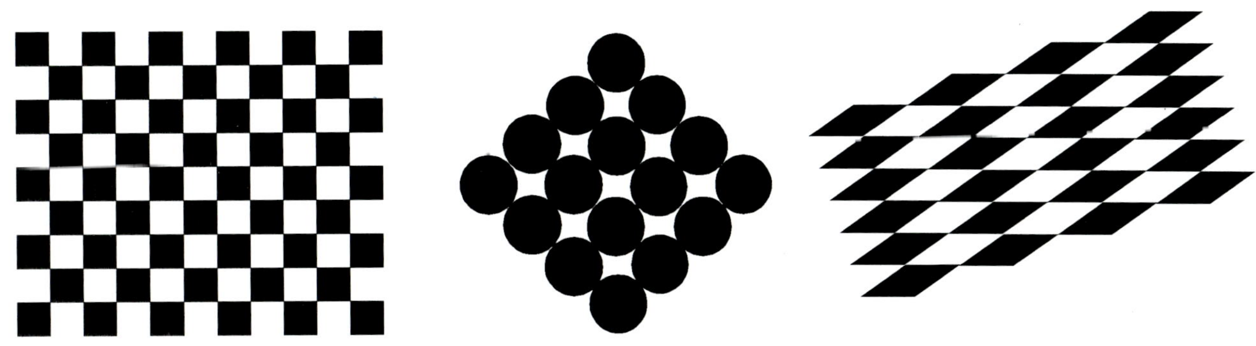

图2-15　印刷网点形状分为方形、圆形和链形等

在印刷中，将原稿照片称为连续色调图像，印刷复制的图像则称为半色调图像。一幅图像原稿中的明暗层次变化是由各种颜色颗粒构成的，若单位面积内的颜色颗粒密集即为深色调，反之则为浅色调。连续色调图像的层次变化为无极变化，而在半色调图像中，色彩的浓淡层次由印刷网点的大小面积构成。网点面积大，颜色就深，反之则浅。印刷网点在空间中一般呈离散型分布。在单位面积内，网点数越高，图像的层次就越细腻。然而，不同的印刷方式对网点的数目也有一定的限制。用不同的纸张和不同的印刷方式印刷，对网点的数目都有不同的要求。在图像的层次变化上，不可能像连续色调图像一样实现无极变化，因此称印刷加网图像为半色调图像。（见图2-16、图2-17）

六、图像输入技术

构成平面设计作品内容的基本元素有：图像、图形、文字、颜色。其中，图像的编辑处理工作相对比较复杂，其技术要求也较高。图像输入是印前平面设计工作中的一个十分重要的环节。图像的来源有扫描、数码相机拍摄、图片资源库（Photo CD）输入、视频抓取等。无论以何种方式获得图像，都要对图像的色彩、分辨率、尺寸大小进行编辑处理，使之达到印刷的精度要求。

数码照相机拍摄的照片的清晰度取决于相机的分辨率，也就是说，所拍摄的影像在水平方向和垂直方向的像素数是取决于相机内部感光的核心部件——影像感应器（CCD或CMOS）的分辨率。要检查数码照相机拍摄的图片能否达到印刷的精度要求，有一个简易的检查办法：在Photoshop软件中把图片打开，将图片的分辨率修改为300 dpi，然后修改图片的最终输出尺寸，双击放大镜，此时图片将以100%的显示比例出现在屏幕上，这对仔细检查图片的细节提供了方便。如果图片仍然清晰、边缘光滑、层次分明且不发虚的话，此图片用于印刷就没有问题了。

在平面印前设计中，图片扫描的步骤有两种方式。

一是将图片原稿委托专业输入公司进行专业扫描，将图片的应用目的、精度要求、大小尺寸预先告知对方，通过专业扫描设备处理的图片通常不需要再作大的色彩调整即可供设计使用。

二是通过一般平板扫描仪将设计需要的图片进行一般扫描，仅供设

图2-16　连续色调图像

计样稿使用，待设计完成、客户认可之后，再将原稿图片按设计稿的实际要求交付专业公司扫描。由于设计稿已获得客户的通过，每张图片的扫描都具有明确的针对性，所以在扫描成本的核算上就能做到比较精确，可以节约可观的成本。这是平面设计师实际工作中常采取的方法。

图2-17　半色调图像

使用一般的专业扫描仪扫描图片时，能设定图片的色彩模式，可以直接将图片扫描成CMYK模式。如果设计稿已经经客户审阅定稿，在扫描正式图片用于制版输出时，可以直接将图片扫描成CMYK模式，这样既避免了再次转换的麻烦，也避免了出现图片模式没有转换的差错。

在设计工作中，用于扫描的图片原稿一般都比较多样化，有一般摄影照片（反射稿），135 mm、120 mm正片或负片（透射稿），印刷品图片（复制稿）等。使用的原稿不同，扫描的结果也就有所差别。正片扫描的质量明显要好于负片的扫描质量，透射稿的扫描清晰度和色彩层次比反射稿又要好得多。通常在原稿中，印刷品复制稿的扫描质量最差。因此在选择原稿扫描时，要尽可能选择图像清晰、层次分明、颜色鲜艳的透射正片，以获得最佳分辨率的图像。在没有选择的情况下扫描印刷品图像，要注意将其去网，即将原稿中已有的印刷网线去掉，以保证图片的清晰度和层次分明；否则，会在随后的再次印刷中出现新的网线与原有网线的冲突的现象，也称撞网，使画面出现难看的“龟纹”（摩尔纹），这将严重地影响图片的印刷质量。

第三节　印刷设计文件的常用格式

在印前平面设计中，图形、图像、版面编排文件的存储和与不同软件间文件的交换等都需要用正确、合适的文件格式加以保存。文件格式是数据文件在磁盘保存时的数据排列规则。各种不同的文件都有着各自不同的编辑处理方式。为了使用者的不同需求，为了方便图形、图像的再次编辑，各个设计应用软件除了有各自专门的图形、图像存储格式外，还提供了一些其他的图形、图像存储格式，以利于在其他的应用软件中打开文件。在选择文件格式时，既要考虑到文件的用途，又要考虑到文件的存储空间、传输等因素，还要考虑到前期工作与后续工序的有利衔接。在以不同文件格式储存文件时，文件量的大小差别很大，占用磁盘的空间容量各不相同，在应用时的要求也不一样，因此，对文件储存格式的了解是每一个平面设计师必须具备的基础知识。

在选择文件存储格式时，设计师有很多的选择，但正因为如此，这种选择也为设计师带来了困扰。那么，如何选择才是最恰当的呢？一般来说，在选择文件存储格式时要从以下几个方面予以考虑。

(1) 不同文件存储格式占用空间的大小，对图片质量的影响，传输速度的快慢。

(2) 不同应用软件对文件格式的兼容性。每个应用软件都有自己专用的文件格式，而这种格式可能在其他软件中无法打开文件。如果需要将文件在其他软件中进行编辑，必须选择通用的文件格式。

(3) 要注意计算机设备对文件格式的兼容性。Mac机与PC机之间的文件交换，输入、输出设备的应用，都会对文件格式提出兼容的要求。

一、TIFF格式

TIFF (Tagged Image File Format) 格式是桌面出版系统中使用最多的图像文件格式之一，通常用于应用软件与计算机平台之间的交换文件，它的意思是“标记图像文件格式”。TIFF不仅在排版软件中被普遍使用，它还可以被用来直接输出，受到几乎所有的绘画、图像编辑和页面排版应用软件的支持，而且几乎所有的桌面扫描仪也都可以产生TIFF 图像。TIFF文件格式是图像的专用格式，不能用来保存图形文件。TIFF格式的文件占用的硬盘数据较少，存储和传输的时间较快。TIFF的通用性较强，PC、Mac平台的大多数应用软件都支持TIFF格式。但要注意的是，在Mac平台上保存的TIFF文件如果要在PC机上打开，必须在文件名后加“.tif”后缀，因为Mac和PC计算机在数据排列和描述上是有一些差别的。TIFF 文档的最大文件一般可以达到4 GB。TIFF文件的存储有两种选择方式：一种为非压缩方式，另一种为LZW压缩（无损压缩）方式。LZW压缩方式能将文件进行不同程度的压缩，而对图像信息没有影响。

二、EPS格式

EPS (Encapsulated Post Script) 格式即封装的描述文件格式，可以同时包含矢量图形和位图图形，而且几乎所有的图形、图表和页面排版程序都支持EPS格式。EPS格式在桌面出版系统中得到了广泛的应用，许多与印刷有关的信息都采用这一格式来保存。

EPS格式是Post Script格式的变体之一。EPS格式是一种混合图像格式，它既可以保存图像，也可以保存图形和文字。当打开包含矢量图形的EPS文件时，Photoshop栅格化图像，并将矢量图形转换为像素。EPS也是唯一支持二值图像模式下透明白色的文件格式，即在图像处理软件中定义的透明区域可以在排版软件中得到很好的继承。EPS 格式支持Lab、CMYK、RGB、索引颜色、双色调、灰度和位图颜色模式，但不支持Alpha通道。

三、GIF格式

GIF (Graphics Interchange Format) 意为图形交换格式。它是专为在线服务和互联网开发、并用超文本标记语言(HTML) 通过互联网显示的一种图像文件格式。它采用了索引色彩模式，因此全彩色图片的数据文件占有的空间最小。GIF通过LZW压缩，目的是使文件的大小和电子传输时间最小化，保证文件占有较少的空间及在网上传输用的时间最短。GIF 格式保留了索引颜色图像中的透明度，但不支持Alpha 通道。只有RGB和Index Color色彩模式的图像才能存储为GIF格式，而且GIF格式在Photoshop中要通过“输出”命令才能存储。

四、JPEG格式

JPEG（Joint Photographic Experts Group）即“联合图像专家组”的简称。JPEG用于显示超文本标记语言文档中的照片和其他连续色调图像，主要是存储颜色变化的信息，特别是亮度变化的信息。JPEG 格式支持 CMYK、RGB 和灰度颜色模式，但不支持Alpha通道。它是一种压缩量较大的图像格式，而且是一种有损压缩，但它对图像的损失较小，几乎无法分辨出来。与GIF格式不同的是，JPEG通过有选择性地扔掉某些数据来压缩文件，以保留RGB图像中的所有颜色信息。JPEG是到目前为止压缩比最高的压缩技术，也是目前最好的压缩技术。JPEG 图像在打开时会自动解压缩，对图像的压缩比可以调整：压缩比越大，对图像的细节影响就越大；压缩比越低，得到的图像品质就越高。在大多数情况下，最佳品质选项产生的结果与原图像几乎无区别。

五、PDF格式

PDF（Portable Document Format）格式即便携文档格式，是一种灵活的、跨平台、跨应用程序的文件格式。PDF文件格式的优点在于，文件格式与操作系统平台无关，也就是说，PDF文件不管是在Windows、Unix还是在苹果公司的Mac OS操作系统中都是通用的。也正是这一特点，才使它成为在Internet上进行电子文档发行和数字化信息传播的理想文档格式。目前，越来越多的电子图书、产品说明、公司广告、网络资料、电子邮件开始使用PDF格式，PDF文件已经成为数字化信息的一个工业标准。

PDF文件精确地显示并保留了字体、页面版式以及矢量和位图图形。PDF 文件可以包含电子文档搜索和导航功能（如电子链接），并支持16 位/通道的图像。PDF格式是在PS的基础上发展起来的一种文件格式，能独立于各软件、硬件及操作系统之上，便于用户交换文件与浏览。PDF格式是一种能满足纸张媒体和电子媒体出版要求的电子文件格式；它不仅能够将Post Script文件生成高质量的PDF文件，也可以生成用于各种用途的PDF文件；它已成为可进行电子传输并在远距离阅读或打印的排版文件标准。PDF可通过Acrobat Reader软件进行阅读。Acrobat Reader实际上相当于纸张电子模拟物，可自由地进行电子标记，执行对单词词组的检查。Adobe公司的PDF的特点在于，页面的所有设计均能被完整的保留。由于PDF格式是页面独立的，并且可以跨所有平台、操作系统和应用软件使用，因此也更加体现出它具有很强的灵活性。使用Distiller程序可把PDF文件转换为Acrobat Reader可读文件。Distiller实际上就是一个PDF语言的解释器，它可以将PS页面转化为PDF页面。PDF文件可以用流行的浏览器观看，也可以很容易地被Web网站重新使用；或者设计者只需做一次设计，即可在他们喜欢的传统媒体上做出版输出。PDF文件的独特结构使其在印前领域中，对文字、图形、图像等的描述与处理表现出众多优越性。

六、PSD格式

PSD（Photoshop Document）格式是由Adobe公司建立的位图图形文件格式，是Photoshop的专用格式。PSD文件可以存储成RGB或CMYK模式，能够自定义颜色数并加以存储，还可以保存Photoshop的层、通道、路径等信息，是目前唯一能够支持全部图像色彩模式的格式。该格式的优点是保存的信息多，缺点是文件尺寸较大。

思考题

1. 什么是图形？什么是图像？

2. 图像的RGB模式与CMYK模式有什么区别？两种图像模式的应用目的是什么？

3. 分辨率的含义是什么？像素为什么会影响图像的分辨率？

4. 图像的印刷复制通过什么方式来重现色彩层次？

5. 如何计算不同印刷方式对图像分辨率的具体要求？

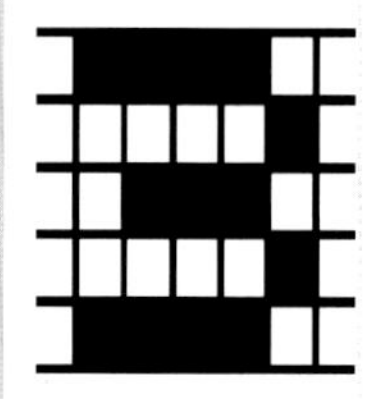

第三章
印刷字体与文本处理

YINSHUA ZITI YU WENBEN CHULI

第三章 印刷字体与文本处理

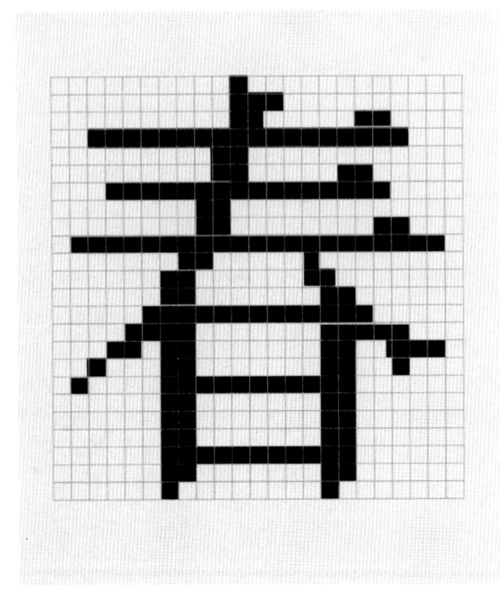

图3-1 点阵文字

本章导言：在印刷设计中，文本由字体构成，文本的处理编排是构成印刷品面貌的基本要素。在计算机字库中，文字分为像素文字和矢量文字，用于印刷的文字一般都选择矢量文字。印刷设计中的文本字体的大小、字形的选择、段落文本的编排设计、美术字体的曲线化处理、文字的色彩设计、反阴设计等，都对印刷品的品质有至关重要的影响。

第一节 印刷字体

字体是构成文本的基本元素，文本又是印刷设计编排中的重要组成部分。通常，计算机中的字体分为像素文字和矢量文字，两种文字均以数据库的形式储存在计算机中，故被称为字库。

一、像素文字

像素文字又被称为点阵文字，它的每一个字符都由像素点以网格的形式排列构成。网格的种类主要分为16×16、32×32、48×48、72×72、256×256等，网格数越大，构成字体的像素点就越多，字体的边缘显示就越光滑（见图3-1）。像素文字的输入要根据设计的需要选择字体的大小和合适的字级、字号，不能在输入后随意的放大。如10 P（磅）字在输入后放大至20 P，字体原有的像素点就扩大了一倍，因而在笔画的斜线部分就会出现明显的锯齿状，放大的倍率越大，字体的边缘就越粗糙（见图3-2（a））。像素文字早期被用于设计文本输出，现在一般不再用于印刷制版输出，而仅用于屏幕显示文字。

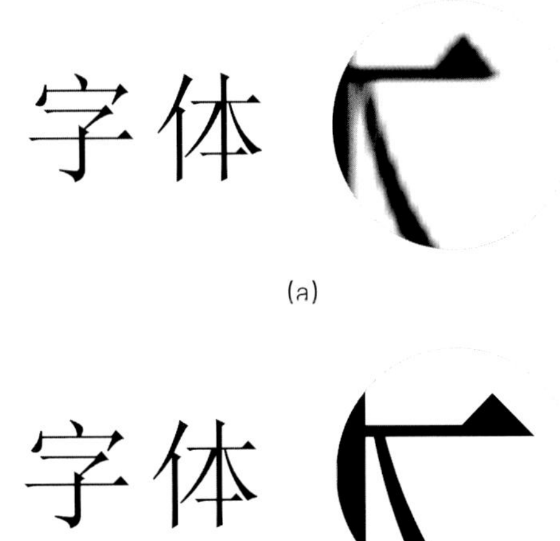

图3-2 像素文字与矢量文字放大后的区别

二、矢量文字

矢量文字分为True Type格式和Post Script格式。矢量文字是使用直线和曲线来描述字体的外形轮廓的，因此其字体不会受到放大或缩

The Earth is our home
The Earth is our home
The Earth is our home
The Earth is our home
The Earth is our home The Earth is our home
THE EARTH IS OUR HOME
The Earth is our home The Earth is our home
The Earth is our home
The Earth is our home the earth is our home
The Earth is our home
The Earth is our home The Earth is our home
The Earth is our home THE EARTH IS OUR HOME
THE EARTH IS OUR HOME
The Earth is our home
The rarth is our home

图3-3　字库中的英文字体

小的影响。矢量文字可以无限放大，边缘却始终保持光滑（见图3-2(b)）。它既可用于印刷输出，也可用于屏幕显示；在任何输出设备和打印设备上，矢量文字都能以设备的分辨率显示。矢量文字有广泛的兼容性，在PC机和Mac机的相同软件中都可以直接打开以矢量文字构成的文件，而不需要再替换字体。矢量文字的嵌入技术使设计好的文件在存盘时能将所使用的字体以嵌入的方式一并保存，并可以保证在将文件转移到其他计算机后再打开时，未安装相应字体的计算机也能以原格式、原字体重新打开该文件。

三、字库

计算机中的所有文字都来源于字库软件。字库的形成是由字体设计师创意设计、手写绘制后输入计算机，并由专门的软件进行编码，提取笔画特征，形成曲线描绘文字，最后组装成字库的。常用的字库有英文和中文字库。英文字库有上千种之多，有各种风格的印刷字体、花体字和变体字；中文字库因为字符的多样性，设计和编辑字库的难度要比字母构成的西文字体复杂得多，但也有上百种字库可供设计师选择。中文字库除了使用最多的黑体、宋体、仿宋体等印刷字体之外，还有大量的手写体、花体字等，从而为平面设计风格的多样化提供了诸多选择。（见图3-3、图3-4）

胖娃体	业精于勤，或废于弛，或荒于嬉。
超粗黑	业精于勤，或废于弛，或荒于嬉。
琥珀体	业精于勤，或废于弛，或荒于嬉。
粗宋体	业精于勤，或废于弛，或荒于嬉。
粗倩体	业精于勤，或废于弛，或荒于嬉。
魏碑体	业精于勤，或废于弛，或荒于嬉。
水柱体	业精于勤，或废于弛，或荒于嬉。
细珊瑚	业精于勤，或废于弛，或荒于嬉。
少儿体	业精于勤，或废于弛，或荒于嬉。
华隶体	业精于勤，或废于弛，或荒于嬉。
大标宋	业精于勤，或废于弛，或荒于嬉。
平和业	精于勤，或废于弛，或荒于嬉。
隶书体	业精于勤，或废于弛，或荒于嬉。
康简体	业精于勤，或废于弛，或荒于嬉。
综艺体	业精于勤，或废于弛，或荒于嬉。
行楷体	业精于勤，或废于弛，或荒于嬉。
隶变体	业精于勤，或废于弛，或荒于嬉。
舒简体	业精于勤，或废于弛，或荒于嬉。
彩云体	业精于勤，或废于弛，或荒于嬉。
报宋体	业精于勤，或废于弛，或荒于嬉。
仿宋体	业精于勤，或废于弛，或荒于嬉。
楷简体	业精于勤，或废于弛，或荒于嬉。
黄草体	业精于勤，或废于弛，或荒于嬉。
瘦金书	业精于勤，或废于弛，或荒于嬉。

图3-4　中文字库中的部分字体

中文字库常用的有方正、文鼎、华文、汉仪等。不同的字体有着不同的文字风格。有的字体风格稳重、平实，有的字体华丽、活泼，有的字体雅致、纤秀……在设计实践中，根据设计主题的需要选择或使用合适的字体，是设计师专业素质的一个重要体现。

在设计文件输出时，如果文字不多，可以将字体转换为曲线文字，这样文字就成为图形，不能再用文本编辑，因而也就避免了文字在输出过程中可能因出现的变动所带来的错误。在大量段落文本输出时，应尽量不要使用过于冷僻的字库文字，否则会造成输出过程中由于输出使用的计算机字库中没有相应的字体而需要更改字体，这样会大大增加文字改动的工作量和文字出错的风险。如果需要使用特殊的字体，还需要在向输出公司提交设计的电子文件的同时，准备好相应的字库文件一同提交，以避免输出过程中出现问题。

四、字级与字号

1. 字体与字号

字体的字号是计算字体规格大小的计量方式，有点数制、号数制和级数制三种，并以此来计算印刷版面的文字容量和占用面积。我国印刷字体采用以号数制为主、点数制为辅的规格单位。常用的字号有：初号、1号、2号、3号、4号、5号、6号、7号，以及小7号、小初号、小5号等。字号的数越小，字体规格就越大；反之，字号的数越大，字体规格就越小。如6号字要小于5号字，10号字比6号字又要小很多。长体字以字体的长度来计算号数，扁体字按宽度来计算号数。国外文字使用的是点数制，用磅（Point）来表示字体的大小规格。我国规定1 P=0.351 46 mm，误差不超过0.005 mm，外文字体为1P约等于1/72 in，即0.351 46 mm。传统照排文字计算字体的大小时使用的是毫米制，以级来表示字体的大小，基本单位为级（K），每级为0.25 mm，1 mm为4级，照排文字能排出的文字大小从7级至62级，也有从7级到100级。在印刷版面设计中，同一设计稿使用的字体标准要一致，统一标准才能正确地掌握字符的大小，如遇到字符计量单位不统一的情况时，要注意换算。号数与级数基本的换算关系见表3-1。

表3-1 点数制与号数制字体大小的换算表

种 类	换 算 关 系									
点数制	42 P	28.5 P	21 P	16 P	14 P	12 P	10.5 P	9 P	8 P	5.25 P
号数制	初号	1号	2号	3号	4号	小4号	5号	小5号	6号	7号

1级(K)＝0.25 mm＝0.714点(P)

1点(P) ＝0.35 mm＝1.4级(K)

在平面设计实践中，字体的大小设置要根据版面和内容的需要而定。一般印刷品如书籍和杂志、产品宣传册的正文，均以5号字为主（10.5磅）。（见图3-5）

2. 字距

字距是指字符与字符之间的距离。中文主要指单个字体之间的距离。对于一般文字的输入软件，字符可以自动调节。如英文单词在行首和行尾的连接，通常会按照单词音节的规律转行，并在行尾的字符后自动加上连字符，同时也会根据实际情况适当地调节字符间的距离。

6 日照香炉生紫烟
7 遥看瀑布挂前川
8 飞流直下三千尺
9 疑是银河落九天
10 日照香炉生紫烟
11 遥看瀑布挂前川
12 飞流直下三千尺
14 疑是银河落九天
16 日照香炉生紫烟
18 遥看瀑布挂前川
24 飞流直下三千尺
36 疑是银河落九天
48 日照香炉生紫烟
72 遥看瀑布挂前
100 飞流直下
150 疑是银

图3–5 计算机字体级数表

设计师手边应该制作一份字级字体表，便于在设计工作中选择合适的字体字级。因为计算机屏幕的显示不能真实地反映出版面设计中字体的大小，因此打印出的字体表是检查设计字体大小的最好依据。

3. 行距

行距是指行与行的基线到基线的距离。行距在段落文本的编排上很重要，行距过小，文字排列就过密，在阅读上会给人带来视觉上的紧张感；行距过宽，版面排列会显得松散，同样也会让人产生视觉上的不自然。一般书籍、杂志的正常行距为1.2～1.5倍。行距的大小可以在文字处理软件和排版软件中进行调节。

第二节　印刷设计中的文字处理

一、文字的输入

在有一定规模的设计公司，大量文本的输入一般都由专业文字输入人员进行，以保证文字录入的质量和工作效率。将文字输入计算机成为可编辑的数字文档有多种方法，以下介绍四种输入法。

1. 键盘打字输入法

键盘打字输入是最简单的方法。键盘输入的方式有五笔输入法、智能ABC输入法、微软拼音输入法、中文简笔输入法等。任何键盘输入法的录入速度都取决于操作者对输入方法的熟练程度。

2. 语音输入法

语音输入法使用十分简单，只需将软件与输入者的声音较准后，通过录入者的语音输入文字。这对不太习惯使用键盘输入的人来说，语音输入是一个方便的选择。

3. 手写板文字输入法

手写板文字输入也是一种很好的方法，简便快捷，其技术目前已经很成熟。此方法能清楚地辨别各种手写体和简写体，一些高端的手写板甚至能绘制复杂的图形。

4. 扫描识别录入法

在大量文本的录入中，如果原稿为印刷品或者打印的纸面文件，可以使用桌面扫描仪OCR技术扫描识别录入。OCR软件能识别各种中外文字体，识别技术高。如果原稿清晰干净，扫描的识别率可以达到90%以上；对于错误的文字可以配合其他输入方式进行识别与修改。这一方法极大地提高了文字录入的效率。（见图3-6）

在将文字输入计算机后，文本的存储格式要注意选择纯文本格式，即“.Txt”格式；在排版或者设计软件中打开编辑时，需再进行格式的设计。因为文字处理软件中进行的排版和格式设计在转移到设计软件中后，往往都会发生改变而需要重新设置。有的客户会将文字自行录入，存储于移动设备后再提交，或在线提交电子文档，这样就省了一些设计工作中录入文字和校对的麻烦。

二、版面文字的编排设计

文字是印刷设计编排中重要的组成部分，是印刷设计中的一个重要基本元素，也是构成可供阅读的印刷成品的基本保证。文字的内涵意义和外形变化，为设计师发挥创意提供了无限的空间；如何在设计中处理各种字符，体现了设计师的设计能力和工作经验。文字可以像图形一样，进行各种造型设计和各种特殊效果的设计，但文字的基本功能是可以被识别的。无论怎样设计文字的外形和色彩，怎样进行各种元素的组合搭配，都应该保持文字的这一可以被识别的基本功能。不能被识别的文字就不再是文字，而只是类似文字的图形，也就不再有文字内在信息的传达能力。

印刷版面设计中的文字可以分为段落文本、标题字和美术图形字。

1. 段落文本

段落文本往往是图书、杂志、企业年鉴等文字较多读物的阅读重点。设计时要注意图书开本的大小，文字版心的大小，横排或竖排的文字形式，文本的字体和字级，每页的行数和每行的字数，页面的分栏数，字距和行距，页眉和页脚的大小，页码的摆放位置和形式，等等。编排时要注意文本的标准格式，如每行的开头要空出两个字位，数字中，如分数、年份、化学方程式、温度标志、单音节外文单词的排列，不能分开在上下两行排列。页面段落文本的字体通常为5号字，正文不能使用过大的字号和过粗的字体，除非是版面标题等艺术设计的特别需要。选择段落文本的字号、字体时要注意和尊重读者的阅读习惯。段落文本的对齐方式有齐头散尾、中轴对齐、齐头齐尾等。段落文本在与图片混排并使用文本绕图方式排列时，要注意设定文本与图片的距离，过宽会使版面显得松散，过窄则会显得紧张。段落文本的编排设计有相对稳定的编排规律。在设计中，设计师应发挥其想象力和创造力，在遵守语法和行文规范的基础上，让不同的设计风格体现在不同的印刷品设计中，以吸引读者的注意力。（见图3-7至图3-10）

2. 标题字

标题字是书籍正文内容的提要。标题文字的编排一般要在字体、字级和文字颜色的选择上与正文拉开距离。一般书籍的标题有大、中、小等不同分类，在选择字体、字号时要加以区别，务必使读者能明确了解全书的章节和内容层次的划分。在实际版面设计业务中，标题的字体设计有很多技巧，特别是大标题的设计，可采用书法字体，也可采用图形设计与字体设计的结合形式。但要注意的是，标题设计中所选用的字体的笔画不宜过细，更不宜使用与正文相同或过于接近的字体。（见图3-11、图3-12）

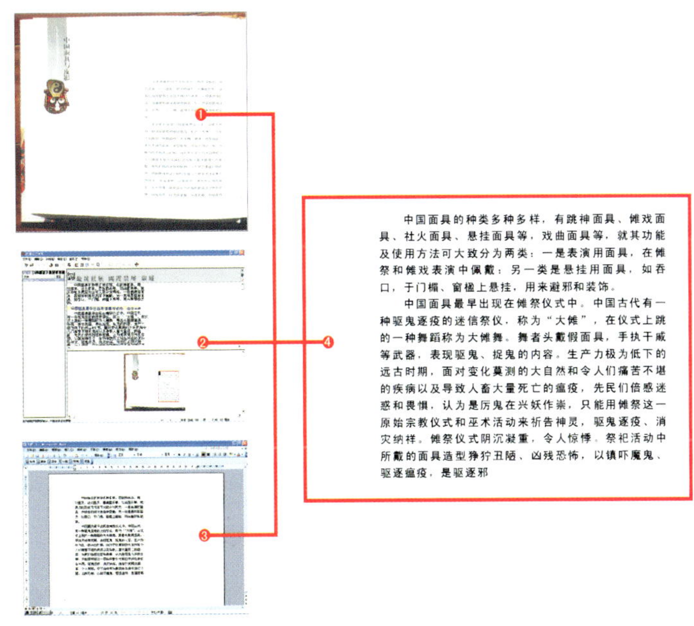

中国面具的种类多种多样，有跳神面具、傩戏面具、社火面具、悬挂面具等，戏曲面具等，就其功能及使用方法可大致分为两类：一是表演用面具，在傩祭和傩戏表演中佩戴；另一类是悬挂用面具，如吞口，于门楣、窗楹上悬挂，用来避邪和装饰。

中国面具最早出现在傩祭仪式中。中国古代有一种驱鬼逐疫的迷信祭仪，称为“大傩”，在仪式上跳的一种舞蹈称为大傩舞。舞者头戴假面具，手执干戚等武器，表现驱鬼、捉鬼的内容。生产力极为低下的远古时期，面对变化莫测的大自然和令人们痛苦不堪的疾病以及导致人畜大量死亡的瘟疫，先民们倍感迷惑和畏惧，认为是厉鬼在兴妖作祟，只能用傩祭这一原始宗教仪式和巫术活动来祈告神灵，驱鬼逐疫、消灾纳祥。傩祭仪式阴沉凝重，令人惊悸。祭祀活动中所戴的面具造型狰狞丑陋、凶残恐怖，以镇吓魔鬼、驱逐瘟疫，是驱逐邪

图3-6　OCR文字识别步骤图
①拍摄文字照片或扫描文字；②OCR软件识别；③Word处理文档；④用于编排设计文档。

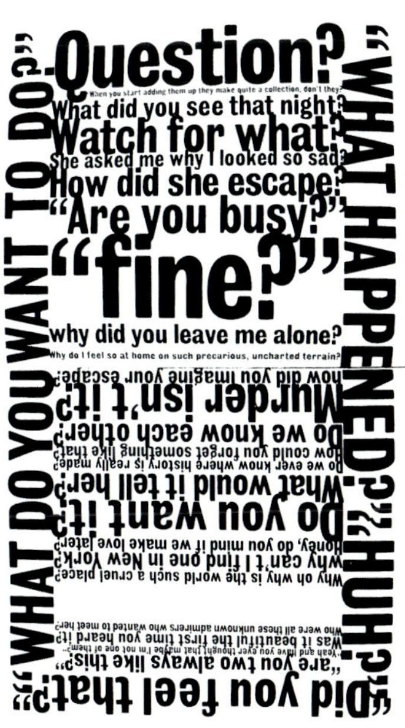

图3-7　印刷字体的大小组合形成版面的肌理趣味

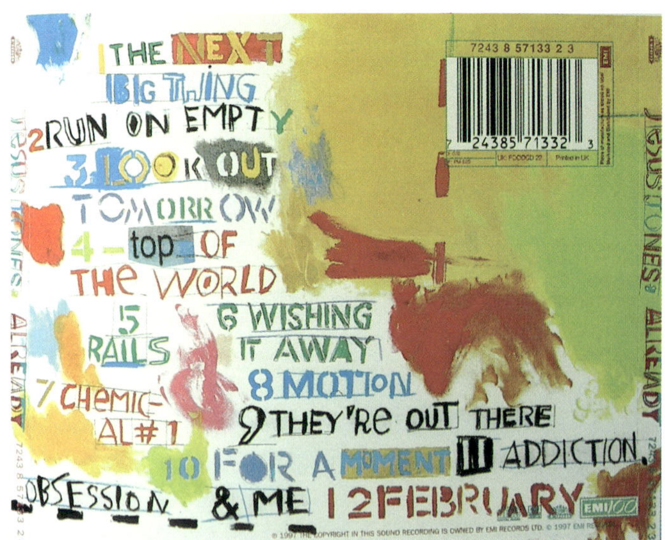

图3-8　以手写书法字体构成的设计版面给读者以生动活泼的印象

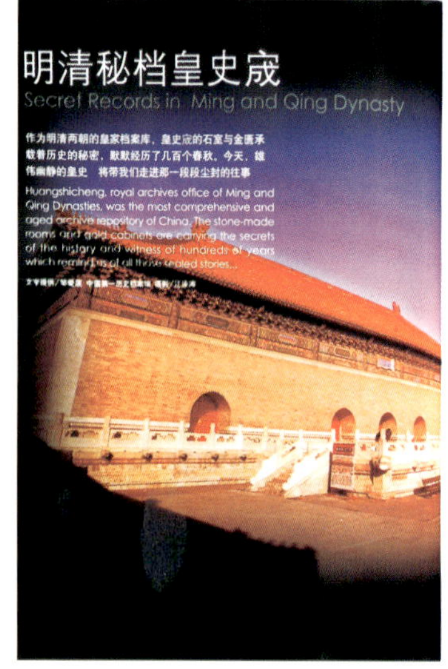

图3-9　图像与文本是版面的主要构成元素

图3-10　点状和线状的字体对版面的主体物起到了很好的烘托作用

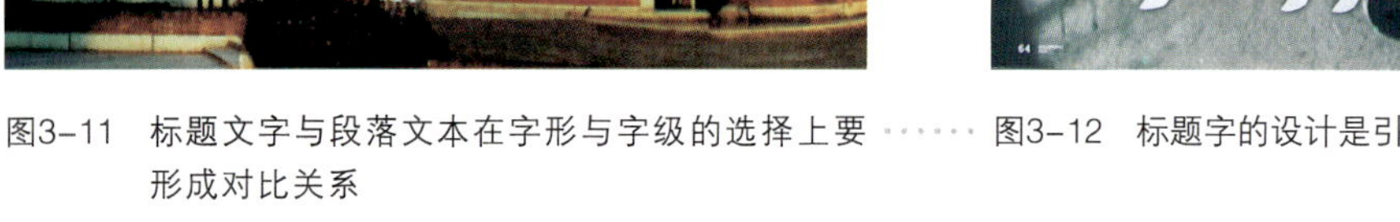

图3-11　标题文字与段落文本在字形与字级的选择上要形成对比关系

图3-12　标题字的设计是引导阅读的一个好的开始

3. 美术图形字

文字设计处理中的美术图形字设计将字体与图形结合起来，大大提高了版面设计的可欣赏性，使文字在具备阅读功能的基础上，提高了其视觉吸引力。美术图形字的设计有的从字体的外形变化引申发展，将某一字体中的某些笔画特征与图形结合，使读者在直观的阅读欣赏中产生思维联想；有的字体设计将其重点放在文字词义内涵的形象表现上，把可视图形与抽象概念结合起来，使二者之间达到巧妙的完美统一。在现代平面设计中，企业形象设计中的企业标志设计，很多都是采用了字体设计的方法，将企业名称中的关键文字加以设计，表现出其独特性和唯一性。美术图形字的设计有多种表现手法，比较常用的有将矢量字体改为曲线图形，并通过字体的曲线路径修改，从而使字体的外形达到设计师的创意目的。

三、文字的路径转换

在平面设计中，图形设计软件可以将矢量文字转换为曲线图形，也就是转换路径。转换路径有两种意义，一是在设计文件的输出时，通过文字的路径转换，可以防止用于输出的计算机中没有相应的文字字库，而要改变设计文件中的原定字体，造成调换字体文件的工作量和原有设计版式及设计风格的变化。二是将文字转换成曲线图形后，可将文字进行各种方式的设计，可以拖拉曲线节点进行各种造型改变，也可以使用各种颜色和方式对其进行填充和渲染，使文字的表现力得到更大的扩展。字体设计在平面设计中是一项重要的专业内容。（见图3-13）

在将文字转换为曲线路径后，设计师要注意全包围字形和文字封闭部首的修改。实际上，被转换为曲线路径的文字已经成为矢量封闭图形，全包围字形和封闭部首将成为一个个独立的封闭图形，各种笔画都成为独立的色块，文字将变得不好辨认。修改的方法是：选择要修改的个别字，在草图模式下将字体中多余的色块删除，或者用底色填充，使文字回到原来可辨认的面貌。

四、版面文字的色彩设计

印刷品中文字的色彩都是通过印版多色套印完成的。标题字一般都比较大。大号的文字可以通过四色套印形成各种色彩变化，因为大号字体笔画较粗，即使在印刷中有稍微的走版，套印不是很准确，字的边缘有稍稍色边形成，也不会对文字的视觉效果及阅读形成大的影响。大号文字无论采用什么颜色印刷都可以套印准确，而小号字则不同。因为小字号不能使用过多颜色套印，尤其是小于12 P的文字，最好不要使用多色套印，否则一旦印版稍稍有点移位，字体就会形成明显的重影，影响视觉效果。如果因为版面设计需要，一定要使用彩色字设计的话，一般也以使用单色印刷为好（C、M、K色）。另外，段落文本的色彩处理要注意，如果是黑色单色设计，在分色处理时，一定要将文字的

图3-13　字体设计示例

在平面设计中，字体的曲线设计能产生无穷的变化，将字体与图形的边界模糊，可以增加设计的趣味。

图3-14 文字在版面上的位置和排列方式都是一种设计

图3-15 版面上的段落文本与标题字的对比排列

CMYK值设置成C0、M0、Y0、K100，这样印出的文字才会成纯黑色。原因是，段落文本的文字一般较小，如果用四色套印，也可能因为错位而形成重影。如果一定要印刷彩色段落文字，则选择单色为好，以避免出现套印不准而有重影现象发生。但美术字可以在矢量图软件中按图形处理方式曲线化后再进行制作，与图形处理方式相同。（见图3-14、图3-15）

在设计实践中，时常看到深底色上出现浅色文字的设计效果，这种方法在印刷中叫做文字反阴。文字反阴（反白）印刷是印刷设计中常用的方法，四色印刷中没有白色油墨，印刷成品中的白色字要通过深底色镂空，留出纸的白色，从而形成白字。大的字体在反阴印刷中不会有任何问题，而小的字体如果要反阴印刷，则要选择合适的字体，比如黑体字，而不要选择笔画过细的字体（宋体、仿宋体等）。因为油墨在印刷过程中的流变性，底色墨层部分会对浅色部分有轻微的挤压渗透，此时字体过细的笔画就很容易形成断续的状态，影响印刷质量。（见图3-16）

图3-16 文字反白示例

在文字的反印设计中，要注意选择合适的字体和字级，笔画过细和字级过小的字体，容易形成笔画断续，影响阅读。

思考题

1. 在印刷设计中，文本为什么要选择矢量文字？

2. 段落文本和版面设计中的小字形为什么不能设计成四色印刷字？

第四章
印刷基础知识
YINSHUA JICHU ZHISHI

第四章　印刷基础知识

本章导言：印刷形式由于印版的不同而有所区别，不同的印刷品要采用不同的印刷形式。设计师应该根据印刷成品的类别进行选择，以达到印刷品最佳的效果。印刷过程中的原稿、印版、油墨、承印材料和印刷机合称为印刷的五要素，但现代数字印刷技术的进步省却了印版制作这一环节，使印刷的效率大大提高。印刷油墨的一般性能和特殊性能对设计师而言很重要，它会影响设计成品的最后效果。纸张是印刷的基本承印物，印刷品的成品尺寸大小（开本）与纸张的裁切方式有着密切的联系，不同质地的纸张适合不同的印刷方式。根据各种印刷成品的不同要求选择合适的印刷方式，并确定印刷品开本的大小，这不但是完美体现设计作品的需要，也是控制印刷成本的需要。

传统意义上的印刷，指的是通过制版后使用机械设备或利用其他工具，在一定的压力下使印版上的油墨或其他黏附性的色料向承印物上转移的工艺技术。印刷是一个将原稿上的图文信息进行大量复制的工艺过程。就印刷的复制技术来说，无论其过程怎样，最终都是要达到准确复制原稿这一目的。根据传统印刷的定义，印刷过程中的原稿、印版、油墨、承印材料和印刷机合称为印刷生产中的印刷五要素。而对于数字化印刷模式而言，只需具备原稿、油墨、承印材料、印刷设备四大要素就可以了。随着现代印刷技术的不断发展，近十几年来电子、激光、计算机等技术的不断更新，使印刷技术得到不断提高，出现了许多无须印版和印刷压力的数字化印刷方式，使印刷的定义有了新的含义，如激光打印、数字印刷、喷墨印刷等。一些新的印刷方式不一定需要印刷机械施加压力（如静电印刷、喷墨印刷等），还有一些现代印刷方式不一定要先做出印版才能印刷(如直接印刷)。因此，现代广义上的印刷通常指印前处理、印刷和印后加工的总称，一般要经过原稿的选择与分析(或设计)、图文信息处理与出片、印版的制作与打样、印刷、印后加工等五个工艺过程。

在不同的印刷种类之间，其区别也很大，其中最明显的一点是印版的不同，因为不同的印版会产生不同的印刷效果。在将一项设计付诸印刷之前，一定要想清楚：哪一种印刷形式最能体现你的设计构想，特别是在包装设计的印刷中,尤其要注意这一点。

值得一提的是，不同的设计有着不同的印刷要求。比如，平面广告与产品包装的设计，它们从一开始就有所不同，对用纸的选择、成本核算、制版工艺、印制工艺、装订形式都各有不同要求。如果设计师没有掌握印刷的相关知识，在面对一项时间和质量都有严格要求的设计任务时就难以把握了。

对于设计专业的学生来说，在学习印刷设计这门课时，除了要掌握印刷的一般工艺流程之外，更重要的是要掌握设计项目如何才能符合印刷的工艺要求，如何使设计的效果通过印刷得到最佳的体现，使设计与印刷能完美的结合起来。

第一节 印刷形式

一、平版印刷

平版版面图文和空白部分几乎处于同一平面，用手去摸是察觉不到其差异的，它与凸版和凹版形成明显的区别，因此称其为平版印刷。平版印刷应用最普遍的为胶版印刷，简称“胶印”。大多数的胶印机是高速的，每小时可达4千印以上，并能同时印二色或四色；而卷筒纸胶印机的速度每小时可达3万印。（见图4-1）

平版印刷利用油水分离的客观规律，用水参与印刷,通过橡胶转印滚筒间接印刷,其工艺过程复杂,技术要求严格，对设备的要求很高，印刷质量十分精致；C、M、Y、K四色网点重叠套印，能真实还原各种设计稿的不同要求， 套印比较准确，精密度较高，能复制精度高、幅面大的印刷品；印刷速度快，生产效率高，适合印刷高档画册和海报等要求很高的印刷品。这是目前最主要的印刷形式。

平版印刷机具备印版、橡皮、压印三个滚筒，印刷时三个滚筒联动，即印版滚筒将图文上的油墨转移到橡皮滚筒上，通过压印滚筒施加于橡皮滚筒上的压力，使图文转印到承印物表面，属于间接印刷方法（见图4-2）。印刷时油墨经胶皮转印，纸面接受的墨层平薄而均匀，这不但适合于印刷各种纸张和纸板，甚至还可以在金属或其他硬质材料上复制图文。

需要说明的是，胶版印刷在目前印制工业中的应用最为广泛，适合复印各种不同性质的原作，如用来复制各种彩色、巨幅、多色、量大的印刷品，例如画册、年画、挂图、地图、宣传画、年历、美术明信片以及各种商标、广告和包装纸等，还适用于印刷彩色期刊及书籍的封面、插页、儿童读物、字帖、影印书籍等。但平版印刷由于有水参与印刷过程，同时又是间接印刷，所以使色彩的表现力减低，油墨层较薄，色彩不够饱和。

图4-1 海德堡印刷机

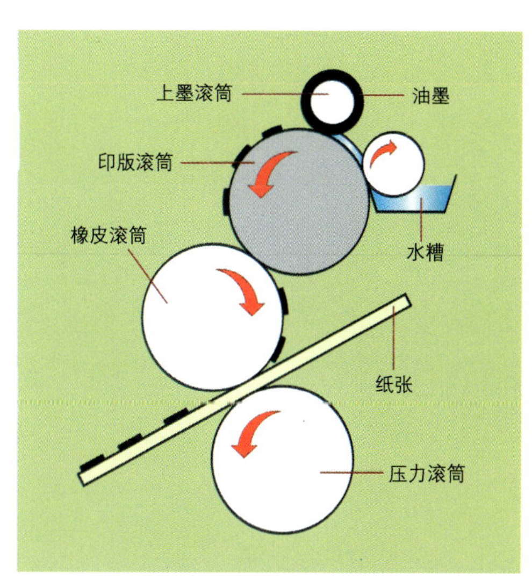

图4-2 平版印刷示意图

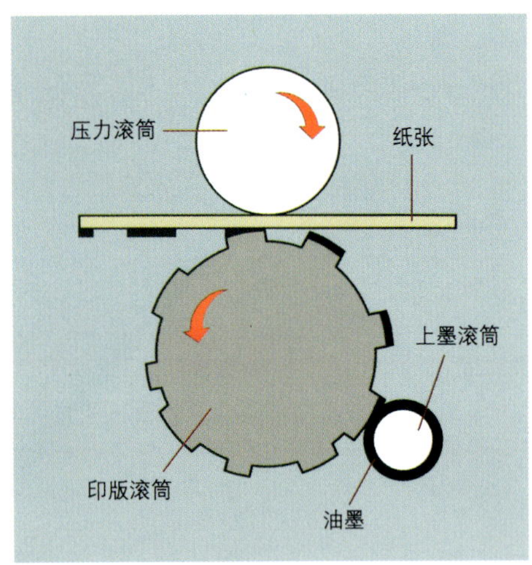

图4-3 凸版印刷示意图

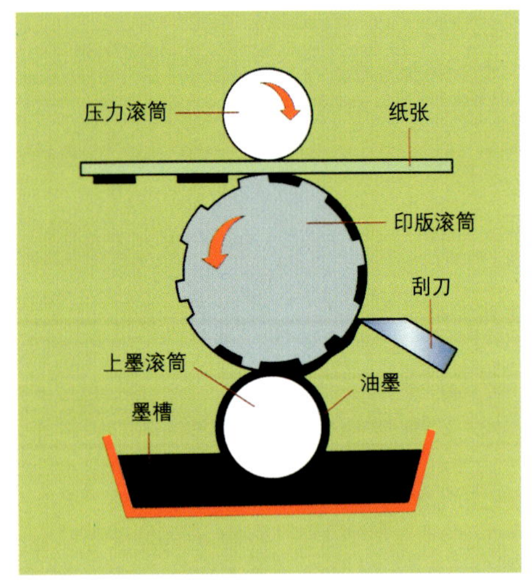

图4-4 凹版印刷示意图

二、凸版印刷

凸版印刷版面上的图文部分高于空白部分，而且同一版面上所有印刷部分的高度完全相同。当在印版上均匀地涂布油墨时，图文部分高而黏附油墨，空白部分低而不黏附油墨，通过印刷机施加一定的压力使印版与承印物接触，版面印刷部分的油墨就转移到承印物上而使图文还原。凸版印刷的工艺特点像图章盖印一样，印出的印刷品墨色厚实，有光泽。这就是凸版印刷的优点。（见图4-3）

凸版，文字通常为铅字,由排版工人按文稿捡字拼版,做成活字版。图案为铜、锌版,将原稿图样用专用相机拍照，把冲洗好的底片与已涂布感光剂的铜、锌版在晒版机上晒版，已感光的金属版在药液中显影腐蚀，形成浮雕样图版，经切割钻铣，镶拼在活字版上，再加上木质或金属底托加固，成为可印刷的正式印版。

由于印版上的凸凹不平，使印刷成品的表面也产生起伏，影响印刷成品的精度，如需多色套印，就更不易准确，因此凸版印刷多用于印刷单色的文字书。凸版制版属有毒工种，工艺复杂，流程很长，耗费大量人力并占用大面积厂房，在现代印刷工业生产中将逐渐被其他印刷技术所取代。

三、凹版印刷

凹版与凸版正相反，其空白部分处于一个平面上，而图文和线条以不同深度的凹痕陷入版面，这样的印版称为凹版。凹版印刷与凸版和平版的主要区别在于：凸版和平版都是以网点面积的大小、网点的疏密和线条的粗细来再现原稿画面的层次结构的，而凹版印刷是由每一单位面积上着墨量的不同来表现原稿图像的不同层次的。凹版版面的图文印刷部分低凹，空白部分平整，印刷部分因线条粗细不同而形成版面凹线的深浅不一，因而也就形成凹线储墨量的不同，在印刷成品上就反映出：线条深的地方油墨多颜色较深，线条浅的地方油墨少颜色较浅，由此再现原稿图像的浓淡层次。（见图4-4）

凹版印刷最大的特点是印刷质量好，与凸版一样属直接印刷,往往一次印刷就能将中间色原稿丰富的层次完整地表现出来，适合印刷以线条为主的图案或文字。凹版印刷时以线条的疏密表现图案的明暗层次，油墨厚重，印刷图像时用手摸起来有凸起之感，特别适合钞票、证券、邮票的印刷。

凹版印刷常被称为铜版印刷，顾名思义，其版材多为铜质。凹版印刷的印版经过镀铬等处理，耐印率大大超过平版和凸版，质量好的镀铬版可印到200万次以上。因此，凹版印刷一般适用于印量大的印品。

凹版制版分雕刻凹版、照相凹版和蚀刻凹版三种。

（1）雕刻凹版分为手工雕刻和电子雕刻。手工雕刻凹版采用刻刀将原稿图文在版上挖下，其深浅因图文色彩的浓淡而定。这种凹版制版复杂，印制成本很高，通常用于铜版画创作和钞票等有价证券的印制；电子雕刻采用原稿电子扫描和版材电子雕刻同步进行完成制版，是一种功效较好的制版方式。

（2）照相凹版也分成两种：传统的照相凹印制版和照相直接加网制版。传统照相凹版又称为“影写版”，它完全依靠网穴深度的变化来表现阶调层次。为此，需要分别用网屏和连续调阳图片对碳素纸进行晒网格和晒阳图处理，根据碳素纸对腐蚀液透过性的不同来获得面积大小一致、深度不同的网穴。照相直接加网制版是在版滚筒经过镀铜和抛光处理之后，先蒙上一层保护层，再曝光成像，最后再对铜层进行腐蚀的一种制版方式。

（3）蚀刻凹版由雕刻和腐蚀结合进行。先用尖锐的钢针在预涂了防酸蜡层的版材上直接刻画描绘，使版材裸露出来，然后进行酸液腐蚀，钢针划过的部分被腐蚀凹下，空白的地方保留下来，形成凹版。这种制版方式有很大的随意性，给制版者提供了创意发挥的可能性，是版画家进行艺术创作的一种重要形式。

四、特种印刷

所谓特种印刷，是指不同于平印、凸印和凹印的一些特殊性的印刷工艺。其特殊性主要表现在所使用的印版、油墨、印刷方式以及印刷对象的不同上。

1. 特种印刷的分类

特种印刷主要按以下三种情况分类：

（1）按使用特殊的版式分类，可分为孔版印刷（包括丝网印刷、滤过版印刷、誊写印刷、喷花印刷，见图4-5）、软版印刷（包括铝箔印刷和玻璃纸印刷）、木版印刷（中国古代发明的一种印刷术，今天仍在印刷领域占有一席之地）；

（2）按使用纸张以外的被印物分类，可分为金属版印刷、塑料印刷、玻璃印刷、印染印刷；

（3）按使用独特的机械或操作方法分类，可分为转印印刷（包括磁性转印、印花釉法）、碳纸印刷、凹凸印刷、软管印刷、陶瓷器皿印刷、贴画印刷、金银色印刷。

2. 丝网印刷

丝网印刷可在任何承印物上印刷，也可在曲面上印刷，它是特种印刷中一种应用特别广泛的印刷方式。丝网印刷是将蚕丝、尼龙、聚酯纤维或金属丝制成的丝网，绷在木制或金属制的网框上，使其张紧固定；再在其上涂布感光胶，并曝光、显影，使丝网上图文部分成为通透的网孔，非图文部分的网孔被感光胶膜封闭；印刷时，将丝网油墨放入网框内，用橡皮刮板在网框内加压刮动，这时油墨即从通透的

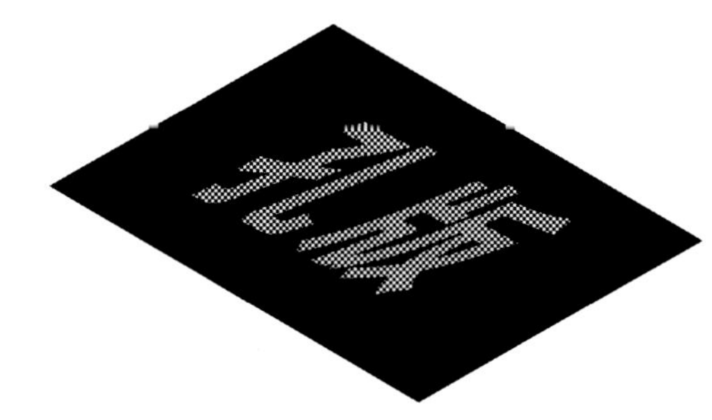

图4-5 孔版印刷版材示意图

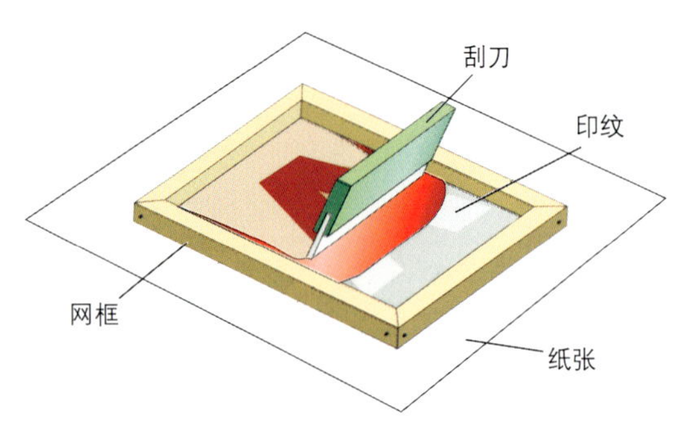

图4-6 丝网印刷示意图

网孔处透过，将图文印在承印物上。（见图4-6）

丝网印刷的特点如下。

（1）制版迅速、印刷简便、承印范围广、成本低、墨层厚。印刷墨层的遮盖力极强，甚至可在深颜色上再覆印浅色，有着其他印刷方法无法比拟的优点。

（2）对承印物的适应性强。丝网印刷不仅可承印平面的承印物，而且可以在各种曲面的承印物上印刷。承印物的尺寸也不受限制，大到可印刷各种大型广告、招贴画，小到可印刷半导体元件、厚膜集成电路等。

（3）印刷压力小。丝网印版柔软而富有弹性，印刷压力小，不仅能在纸张、纺织品等柔软的承印物上印刷，而且能在易损的玻璃器皿、陶瓷器皿等上印刷。

（4）对油墨的适应性强。丝网印刷几乎可以使用任何一种涂料进行印刷，如油性墨、水性墨、树脂墨、粉体墨等，而且对颜料颗粒的细度要求低。

由于丝网印刷的承印材料和应用油墨几乎无限制，因此常被用于电子工业线路板、包装产品的塑料制品、服装行业的装饰图案的印刷上。巨型户外广告的大尺寸画面制作一般有两种方式：一是彩色高精度喷绘，使用耐光照颜料喷制；二是丝网印刷。由于丝网印刷可以印刷大幅面、无拼接的图像，通过网点进行四色印刷，且油墨的耐水、耐光照性极强，因此一般时效性较长的大型户外广告均采用丝网印刷制作。在孔版印刷中,丝网印刷有着鲜明的代表性，是孔版印刷的代表。

五、数字印刷

数字印刷是20世纪90年代随着计算机科技和印刷的数字化趋势发展起来的一种新印刷形式。在数字印刷的进程中，不再需要印版的参与即可完成整个印刷过程，而是直接将电子文件信息转印到纸上，类似于桌面喷墨打印机，但精度和印刷质量与一般胶印区别不大。近年来，现代计算机数码印刷技术的发展相当快——数码印刷设备的快速更新，数码印刷耗材价格的下降，印刷品质的进一步提高，都体现了数码印刷技术速度快、质量高、低印量的特点，使数码印刷在平面设计领域得到广泛运用。

由于数字印刷的灵活性，因此可以一张起印。这一短、平、快的特点使该项技术被大量用于印数少、时间紧、印量不大的印刷业务，这是一般胶版印刷无法比拟的。数字印刷与胶版印刷在方式上起着相互补充的作用，可以代替传统的打样机打印样纸，用于正式印刷前的文字、图像、版式、色彩的校正检查。数字印刷还可以经移动存储设备提交电子文件，通过网络实现在线印刷，为印数少、时间紧的商业广告、产品说明书、酒楼菜单等印刷品业务提供了最好的选择。

目前，数字印刷的耗材价格仍很高，在大印数的印件成本核算上比胶版印刷方式要高很多，印刷质量与高精度胶版印刷相比也还有一些距离。因此，虽然数字印刷的方式还不能取代胶版印刷，但数字印刷预示了印刷技术的发展方向。

第二节 印刷材料及其规格

一、印刷油墨

油墨是印刷过程中用于形成图文信息的物质，它直接决定着印刷品上图像的阶调、色彩、清晰度等。油墨是由颜料、联结料、填充料和辅助剂所组成的均匀混合物，是具有颜色和一定流动性的浆状胶黏体。油墨有三个重要性能：颜色、流变特性和干燥性能。根据不同的印刷工艺及印刷方式应选择不同的油墨。油墨可分为凸版油墨、平版油墨、凹版油墨、孔版油墨和特种油墨。

特种油墨是具有特殊性质或特殊用途的油墨。它的种类有数十种之多，常用的有金墨、银墨、荧光油墨、发泡油墨等。

金墨是印刷后呈黄金光泽的油墨，是用铜合金粉作为颜料所制成的。银墨是印刷后呈白银光泽的油墨，是用铝粉作为颜料所制成的。金、银墨在设计印刷中是使用最多的特种油墨，尤其是在包装印刷、画册印刷中使用最多，既可以实地印刷，也可以设计成网点套印。这种油墨会给印刷品带来辉煌和华丽的效果。

荧光油墨是用荧光颜料制成的油墨。荧光颜料是把荧光染料溶解在合成树脂中，并经紫外灯照射后，能得到更光辉的效果。在设计中，荧光油墨主要被应用于商业宣传品的印刷上，有醒目和突出的特殊效果。

发泡油墨是指这种油墨中含有发泡材料。印件经加热处理后即发泡隆起，成为凸出一定高度的印刷品。发泡油墨的特点是印好图案文字，经高温烘干后使图案突出，具有立体效果。这种油墨多被用于盲文印刷品和纺织品丝网印刷等，也常用在儿童T恤衫图案的印刷中，形成浮雕图案的感觉，生动可爱。

二、承印物（各类印刷用纸）

承印物是指接受油墨或其他黏附色料后能形成所需印刷品的各种材料。印刷的承印物有很多种类，最常用的承印物是纸张，这里主要介绍印刷用纸的不同特性。

印刷用纸主要分胶版纸、铜版纸、新闻纸、字典纸、地图纸、拷贝纸、铸涂纸、铸涂白纸板、书皮纸、牛皮纸、宣纸、邮票纸等。不同种类的纸张适合不同的印刷方式，适合印刷不同的产品。平面设计师要掌握一定的有关印刷纸张的基本知识。只有这样才能在设计印刷品时根据特定要求选择不同的纸张，使艺术设计能通过印刷得到最完美的体现；并且在突出艺术设计视觉效果的同时，尽可能地节约印刷成本，这也是体现设计师专业能力的另一重要方面。

1. 铜版纸

铜版纸又称涂布印刷纸，分单面、双面、光面、哑光（哑粉纸）、布纹、铜版卡等几种。它是以原纸涂布白色涂料制成的高级印刷纸。铜版纸除了纸面平整光滑、白度高、厚薄一致、伸缩性小之外，还有较强的抗水性和抗张性，对油墨的吸收性和接受性均良好。用铜版纸印出的图形、画面具有立体感，因此它主要被用于印刷高级书刊的封面和插图、各种精美的商品广告、样本、画报、精美年历、摄影画册等。

铜版纸也为平板纸，正度纸尺寸为：787 mm×1092 mm；大度纸尺寸为：850 mm×1168 mm，铜版纸的定量为(70、80、100、128、157、180、200、210、230、250) g / m^2 等。铜版纸价格较贵，是印刷精美彩色画册和广告招贴的首选用纸。

铸涂纸又称高光泽铜版纸，俗称玻璃卡纸，是一种单面涂料纸，具有极高的光泽度和平滑度，可印刷很细的网线，网点、阶调、色彩、光泽的再现性强，图像清晰、立体感强。它的主要用途是印刷高档商品及精致工艺品的商标、包装、明信片、贺卡、请柬等。具有弹性好、着墨佳、不掉粉等优点。

2. 胶版纸

胶版纸即胶版印刷纸，是我国印刷行业中广泛使用的纸张，供胶印机进行多次套色印刷之用。胶版印刷纸一般为平板纸，规格与铜版纸一样有大度与正度之分。胶版纸伸缩性小，对油墨的吸收均匀，质地紧密不透明，白度好，抗水性能强，主要用于印刷彩色画报、书籍、杂志等。白卡纸是一种较厚实、坚挺的白色胶版纸，主要用于印制名片、请柬、证书、商标及包装装潢用的印刷品。

胶版纸价格适中，适合批量大的文字书籍使用。其定量有（55、60、70、80、90、100、120、150、180）g／m^2不等。

3. 新闻纸

新闻纸，顾名思义是用于印刷报纸为主的一种专用纸，有卷筒纸和平板纸两种形式。一般供高速轮转印刷机印刷使用。新闻纸质地松软，对油墨的吸附力强，不适合表现细致的图片层次和色彩。新闻纸价格廉宜，适合报纸及一些印数较大的杂志使用。

4. 拷贝纸

拷贝纸薄而有韧性，半透明。在书籍装帧和高档画册中，拷贝纸常作为设计层次的过渡，能表现出变化丰富的页面递进效果。

5. 牛皮纸

牛皮纸具有很强的拉力，有单光、双光、条纹、无纹等。牛皮纸主要用于包装袋、文件袋、手提购物袋等的生产。

6. 特种纸

特种纸是价格昂贵的特制纸，有多种颜色和肌理纹路，有的在制造时还夹有各种不同颜色的纤维，是印刷贺卡、请柬、高档画册封面、特殊礼品包装的上佳纸材。在设计印刷中，适度地应用特种纸，会给作品带来不一般的视觉效果。

7. 瓦楞纸板

瓦楞纸板是一种重量轻、强度大、价格较低的包装纸板。瓦楞纸板具有较高的强度，挺度、硬度、耐压、耐破等性能都比一般纸板好。由它制成的瓦楞纸箱，有利于保护被包装物。瓦楞纸板可以通过丝网印刷印制单色文字和图案，但不能直接在胶印机上印刷，如需在其上出现彩色图案，须将其他纸张印好后，再裱贴在瓦楞纸上。

瓦楞纸板按照瓦楞的形状，分成U型和V型两类。U型（俗称半圆形）富有弹性，缓冲性能好，耐压力强。而V型(俗称倒八字形)缓冲性较差，耐压力较大，是设计制作大型包装箱的主要材料。

三、纸张的性能与规格

印刷纸张的性能很多，如机械性能、光学性能、化学性能等，都与印刷品的质量密切相关。下面分析与印刷设计和印刷质量及影响印刷成本的有关性能，只有了解纸张的性能，才能印出高质量的印刷品。不同机器对纸张的规格有特定的要求，纸张的规格一般包括以下内容。

1. 形式

印刷用纸的形式有平板纸与卷筒纸两种。平板纸是将纸张按规格裁成定长、定宽的纸张，大部分的平面印刷品都使用平板纸印刷。一般来说，铜版纸和胶版纸主要为平板纸形式；卷筒纸是将纸卷在纸卷芯上呈圆柱状的纸张，报纸和印数很大的杂志主要使用卷筒纸印刷，新闻纸大多是卷筒纸形式，以利高速轮转机印刷。卷筒纸的宽度尺寸有1575 mm、1092 mm、880 mm、787 mm等几种。

2. 尺寸

特指平板纸张的长度和宽度。我国平板纸的尺寸有880 mm×1230 mm、880 mm×1092 mm、787 mm×1092 mm、850 mm×1168 mm等几种，常用的尺寸分大度、正度两种。

大度纸尺寸为：850 mm×1168 mm

正度纸尺寸为：787 mm×1092 mm

3. 定量

定量是指单位面积纸张的重量。纸张的重量以“定量”和“令重”表示，通常以定量来表示。定量又称“克重”，即纸的每平方重量，一般以g/m²来表示，如210 g/m²。定量是纸张厚薄的标志，定量越大，纸张越厚。根据重量不同，纸张可分为两大类：定量在250 g / m²以下的被称为“纸”，超过这个定量的称为“纸板”。表示纸张重量的单位还有令重。纸张以500张为一令，令重指每500张全张纸的总重量。令重是印刷用料的标准单位，其计算方法是：令重（kg）=500×每张纸的面积×定量（g / m²）。

通常来说，纸的重量越重也就意味着纸的厚度越厚，如210 g铜版纸比128 g铜版纸就要厚一些，前者适合印刷出版物的封面，而后者适合印刷一般画册的内页。从成本核算上来讲，不同重量的纸张价格也会不同。在进行印刷品设计时，事先一定要与客户商量再选择用纸，因为这与成本有着重要的关系。合理用纸将在提高印刷品质量的同时能有效的控制成本。

4. 厚度

厚度是指纸张的厚薄程度。纸张的厚度影响到纸张的可压缩性和不透明性。纸张越薄，不透明性有可能下降，在印刷中就可能出现透印的现象，这直接会影响印刷品的质量。在节约印刷成本的同时，出版物的质量始终是被关注的重点。只有在保证质量的前提下考虑成本预算，二者之间达到最佳的平衡才是最好的选择。当然，从设计的角度来考虑，有时纸张的透印或许也是达到某种视觉效果的需要，这就要看设计师对设计效果的最终把握了。

5. 紧度

紧度指纸张单位体积的重量，即为密度。紧度会影响到纸张的光学性能及物理性能。通常来讲，紧度与吸墨性能有关，紧度越高的纸张，吸墨性能也就相对下降。油墨主要靠氧化结膜干燥，紧度高的纸张印刷色彩饱和鲜艳，反之则平稳含蓄。铜版纸的紧度比胶版纸要大很多，适合印刷各类彩色广告、摄影画册，而胶版纸则适合印刷以文字为主的单色出版物。但是，也有不少旅游摄影画册和彩色文艺画册在使用胶版纸印刷后，得到稳重内敛的视觉效果，有一种特殊的含蓄美。这是铜版纸彩色印刷所没有的视觉效果。

6. 机械强度

机械强度包括抗张强度、压缩性等。纸张在外力的作用下，纤维受到牵拉，使纸张发生形变，而当外力取消后，纸张恢复到原先的状态，这种能力被称为纸张的抗张强度。纸张受到一定压力后会略微压缩，在撤除外力之后，纸张又恢复到原来的状态，这被称为压缩性。印刷用纸要求有较大的抗张强度，在受外力作用时，不致断裂。在设计实务中，很多包装盒设计和手提式购物袋的用纸选择，就是考虑到了纸张的机械强度，特别在设计手提式购物纸袋时，要事先估计到内容物的重量来选择用纸，而且在提手的结合部位要有加固的设计。为了加强包装盒的稳固性，往往会在印后加工的工序中再加以表面覆膜，使纸盒的抗张强度和压缩弹性得到进一步加强。

7. 光学特性

（1）不透明度，指印刷后图文不要透过另一面的性能；

（2）光泽度，纸张的光泽与印刷有很大关系，高光泽的纸张能使印刷品的色彩光亮，但光泽太强的纸张会使印刷品产生眩光，不利于阅读；

（3）颜色，纸张的颜色在很大程度上会改变印刷品的外观质量；

（4）白度，纸张的白度指纸张受光照射后全面反射的能力，纸张的白度高可增强油墨与纸张的对比度，有助于分辨图文，且图文颜色鲜艳。

四、纸张的裁切（印刷品开本规格）

通常印刷用纸有大度纸——850 mm×1168 mm、正度纸——787 mm×1092 mm两种规格。在设计一件印刷品之前，首要的事情是先确定开本，因为这关系到印刷成本的控制和采用的装订方式。

印刷物的开本，即印刷物的成品尺寸。开本的大小有一定的规格，是由所用纸张大小决定的。整张纸被称为全开纸，长边对折裁切叫对开，再对折裁切为4开，依次对折裁切下去可产生8开、16开、32开、64开、128开。在书籍的版权页上都印有出版物的开本尺寸和所用纸张的大小，如787×1092　1/16是指该书采用787 mm×1092 mm的纸张印刷，为16开本；注明850×1168 1/16，指使用的纸张为850 mm×1168 mm，为16开本。通常称前一种尺寸为正度16 开，后一种尺寸为大度16开。

在国内印刷界和平面设计界计算出版物规模时有两种计算方式，一种是用印张作为计算单位，另一种计算方式是以P（page）为计量单位。印张是用来计算出版物所用纸张的数量，以单张对开纸印刷正反两面为一个印张，16 开本的出版物一个印张即有16个P，也即16个页码。在印刷界使用印张为数据统计单位的较为多见，在每一本国家正式出版的图书版权页上，都标示出该出版物所用纸张为多少印张和所使用纸张的大小。设计界和制版输出中心则一般习惯将一个16开称为1P，输出中心以输出菲林P数为基本计价，平面设计界也以一个P为设计费的基本计算单位。

无论使用何种计算单位，设计师在规划设计项目时，要注意页码与开本的对应关系，因为这关系到印刷品的装订和节约用纸的最佳选择。一般印刷品都为对页装订形式，因此要求页码数为偶数，奇数将导致多出来的一个页码无法装订。在计算页码时，习惯按开本的倍数来选择出版物的规模，如16开本书籍，可以有0.5（8 P）、1（16 P）、1.5（24 P）、

2（32 P）等选择，如果选择1.3个印张,则是16 P+(16 P×0.3)＝20.8 P,显然无法成页装订；如果选择1.25个印张，16 P+(16 P×0.25)＝20 P，装订无问题。但由于很多印刷公司设备的原因，在裁切后小于对开的纸无法再上机印刷，因此印刷公司会按1.5个印张的用纸量来计算成本，多出来的4个P纸张就造成了浪费，也就提高了印刷的成本。不过小批量的印刷品因为特殊设计的需要，或者是散装的印刷品，则可以按设计内容的特点与印刷公司协商选择最合适的用纸量。

纸张的裁切方式依印刷品的需求而设定。通常有三种裁切法，即几何裁切法、正开裁切法、叉开裁切法三种。

1. 几何裁切法

几何裁切法是指按纸张的几何级数裁切，如2、4、6、8等比例裁切。每一种开本的幅面均为上一级幅面的一半，以2为几何级数裁切，这是一种合理、规范的开法。用787 mm×1092 mm或850 mm×1168 mm开切成的各级开本，都是长方形的形状，宽与长的比例近似2：3。这种裁切方式对纸的利用率最高，是一般书籍普遍采用的开法。装订时能利用机器折页装订，适合储运，工作效率高，其开本比例也符合大多数人的阅读习惯，是应用最为普遍的一种常规裁切方式。（见图4-7(a))

2. 正开裁切法

正开裁切法即将纸张按纵向或横向一律直线开切。这种方法一般在印刷不规则开本时应用，此种开切法的好处在于能自由灵活的设计出版物的尺寸，形成特殊的印刷品成品形象；不利的地方是这种开切法不会是2的几何级数，可能形成单页数，不利于机器折页和装订。（见图4-7（b))

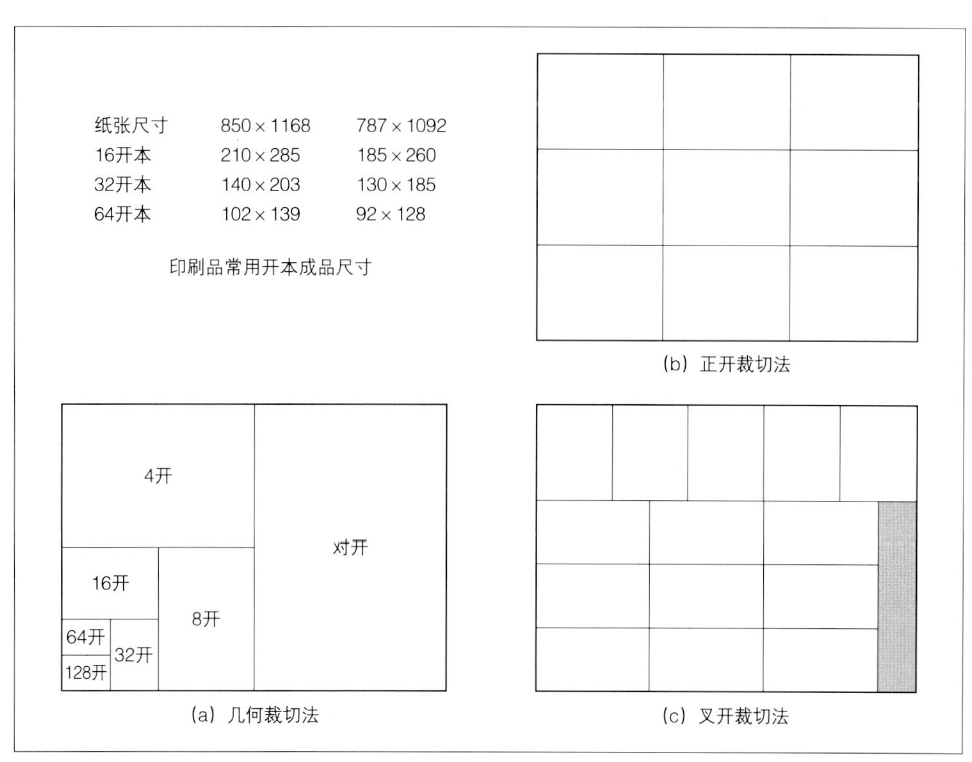

图4-7　纸张的裁切示意图

3. 叉开裁切法

这种裁切方式也是因为有特殊开本印刷要求而产生的一种裁切法。叉开裁切法是指把纸张进行横竖搭配的裁切方法。如果使用此法，事先应仔细计算，否则可能会造成纸张的浪费。使用此种裁切法可以产生不同尺寸的印刷品，同时，如果有相应尺寸的印刷品组合套印，那对节约用纸会大有好处。（见图4-7（c））`

印刷用纸的裁切尺寸只是裁切前的“毛尺寸”，图书装订后需要再次齐边裁切，除装订口外，天头、地脚、书口三边都必须裁切整齐，一般需要裁切约3 mm，因此在设计时要预留3 mm边位作为切口。切好后的书籍成品要小于纸张裁切尺寸，如大16开本的尺寸为213 mm×291 mm，成书尺寸则为210 mm×285 mm。

787 mm×1092 mm类型的纸常用开本尺寸（正度）：

16开本　185 mm×260 mm

32开本　130 mm×185 mm

12开本　245 mm×255 mm

20开本　187 mm×208 mm

24开本　170 mm×187 mm

850 mm×1168 mm类型的纸常用开本尺寸（大度）：

大16开本　210 mm×285 mm

大32开本　140 mm×203 mm

印刷品的开本设计要根据印刷品的内容、读者对象、印刷品篇幅大小三方面因素来确定，不同的开本会给读者带来不同的视觉印象。一般而言，以文字为主的书籍多采用32开或大32开本，32开本适合携带和手头翻阅，是以文字为主的出版物首选的开本形式；教材、产品目录、企业介绍、售楼书等图片、图表较多的印刷品多选用16开或大16开本，16开本篇幅较大，能容纳较大的图片和大量文字；企业大型图片集、风光摄影作品集以及绘画作品集，适合选择8开、12开大型开本，能展示大型图片并产生气势宏大的效果；一些小型的单张商业推广广告和折页广告，适合应用16开设计，16开大小的单张可以折为三折，成为一小型精致不需装订的读物；24开本大小适宜，版面方正，很多儿童读物和旅游读物都使用24开设计，24开也是应用很广泛的一种常见开本。

思考题

1. 什么是印刷的五要素？
2. 印刷油墨有哪几种基本色？
3. 印刷精美的摄影画册使用什么纸张最合适？
4. 什么是印张？
5. 什么是开本？
6. 某一本16开的杂志，其内页用纸量为3.5个印张，那么该杂志内心有多少页码？

第五章 印后加工

YINHOU JIAGONG

第五章 印后加工

本章导言：印刷品的成型，在印刷工艺之后还必须经过印后加工工序才算最后完成。印后加工包括上光、覆膜、模切、装订等。印后加工工序对提高印刷品的品质和包装印刷品的产品附加值起着决定性的作用。现代书籍装订分平装和精装两种，二者之间在视觉和触觉及工艺要求和成本核算上都有很大的差别，设计师应该根据实际需要合理选择。印刷品的装订历史悠久，中国古代的印刷品装订形式对现代印刷设计有着重要的意义，如果对某些广告产品的装订形式适当采用或借鉴古老的装订方法，或许能产生不同寻常的特殊效果。

印后加工是印刷品印刷完成后，为获得最终的要求形态和使用性能而进行再次加工的技术的总称。如书籍的装订，封面的上光覆膜，精装书的书壳安装制作，报纸的印后点数、折页、打包处理，包装印刷品的盒型成型、烫金、模切等工序。

第一节 印后加工工艺

印刷品是科学技术生产的综合产品，不但有传递信息的功能，而且蕴含着丰富的文化内涵。随着时代的发展，生活质量的提高，人们对印刷品的要求也越来越高。在商品包装物的印后加工工艺技术方面，新材料和新技术的应用不仅提升了包装物的外在视觉美感，还大大提升了商品的附加值，提高了商品的市场竞争力。近年来，由于商品包装的印后加工技术和包装材料开发的快速发展，商品包装的设计思想也发生了很大的变化，在引导人们消费观念的同时也极大地丰富了消费品市场，但随之产生了过度包装的现象。过度包装在激励印后加工技术开发的同时也在浪费人类宝贵的可利用资源。现代知识产权保护的要求使印刷防伪技术得到了很大的发展，印刷品防伪技术除了印刷过程中特殊油墨的使用之外，更多的是通过印后加工工序来加以实现的。书籍的印后加工使人们在阅读书籍内容的同时能得到书籍装帧的美感享受，完美的精装书籍其实是一件值得收藏的、有品位的高档工艺品。特殊设计的广告印刷品，通过设计师的精心设计和天衣无缝的印后加工，将大大提高广告产品的文化品位，广告的亲和力也将得到极大提高，使人产生过目难忘的惊人效果。印后加工工艺长期以来一直受到生产厂家的重视，也是每一个设计师必须予以关注的重要工序。印后加工技术是随着市场要求、技术发展、材料开发、工艺进步而不断变化的，因此设计师要保持与印刷厂家的密切联系，掌握印后加工技术变化的动态，这样才能使自己的设计作品经过印刷、印后加工的技术处理后，达到最佳的视觉效果和触觉效果。

印后加工的目的有以下几点：

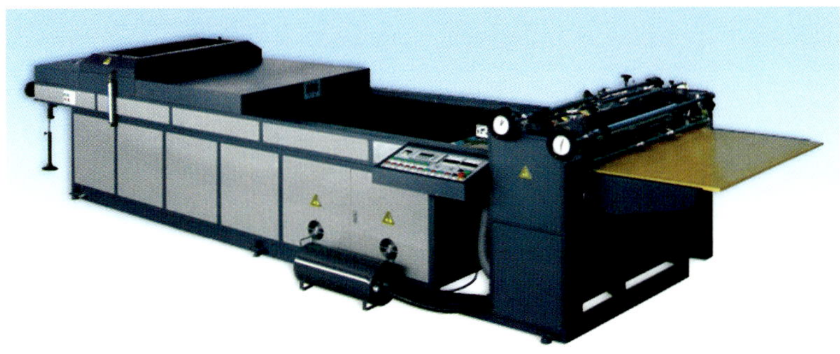

图5-1 国产UVA系列两用上光机

主要用于纸品表面上光，增加纸品的亮度，并起到防潮、耐磨、保护纸品表面色彩的作用。

(1) 对印刷品的美化加工，如书籍封面的上光覆膜，图案的凹凸压印，烫金、银电化铝等；

(2) 使印刷品获得特定功能的加工，如邮票的打孔达到可撕断的功能，收据、表格的复写功能，磁卡的可读写功能等；

(3) 对印刷品的成型加工，如书籍的装订、裁切、包装盒的模压加工等；

(4) 为使印刷品达到特殊要求的加工，如包装中的镂空贴窗、手提购物袋打孔穿绳加工等。

印后加工技术对平面设计师来说，常用的技术有以下几类。

一、上光

印刷品上光分整体涂布光油上光和局部光油上光两种，整体涂布光油中又有高光与哑光之分。整体涂布光油能提高印刷品的外观效果，使色彩更加明艳，改善印刷品的使用性能，延长印刷品的使用寿命。如书籍封面和扑克牌卡片的上光，能增加其耐摩擦性和防潮性。整体涂布光油对纸张有一定的要求，越光滑平整的纸张（如铜版纸）上光效果越好。现代书籍的封面一般用铜版纸印刷，经涂布上光油后，其色彩鲜明，对比强烈，能增强视觉效果。此外，上光后的印刷品也能再进行局部烫金、银电化铝等。一些高档画册和礼品包装印刷，经此加工工序后，能达到富丽堂皇的效果。（见图5-1）

印刷品的局部上光又称局部过UV，主要指在书籍、画册、包装盒的字体、图案、标志上进行局部高光处理，突出重点，使其更加鲜艳夺目。局部上光的方法应用较为普遍，在设计时，需单独做一个专色版用作上光光位。设计要注意质感的对比，如在黑色油墨印刷的底色上用光油来印刷线条图案及文字，那将会形成很好的视觉效果，这也是一种常用的设计手法。（见图5-2）

图5-2 局部上光效果图

在封面设计中，将局部图形或书名加以高光处理，使设计主体更加突出。在封面局部的高光处理中，在工艺上往往是先在整个封面的表面覆盖一层胶膜（一般为哑胶），然后在哑胶膜之上再局部印上UV光油，使图形、字体与底色形成质感上的对比。（中国建筑工业出版社出版）

图5-3 国产380RW热覆膜机

覆膜能达到保护印刷品，提高印刷品观赏性的目的。

二、覆膜

覆膜也是印后加工中的一项常用技术。覆膜是将极薄的透明塑料薄膜通过粘贴剂覆盖压印在印刷品表面，达到保护印刷品、提高印刷品观赏性的目的。覆膜也分高光、哑光两种。高光覆膜表面十分光滑，手感顺滑，覆膜后的印刷品色彩鲜艳、层次分明，特别适合商业宣传品，如售楼书、书籍封面、产品宣传册封面使用。哑光覆膜无反光，质地平稳沉着，手感温顺，覆膜后的印刷品色彩显得沉稳、庄重、大方，通常适合高档画册、小说封面等文化品位表现较高的印刷品使用。（见图5-3至图5-5）

覆膜后的印刷品品质提高很多，而且耐磨、防水、防尘，使印刷品能保持长久，能提高印刷品的外观质量。覆膜工艺在设计中的运用要注意以下几个方面。

（1）可能导致封面翘曲。因为纸张一面覆膜后，正、反两面张力不平衡，特别是在受热时，覆膜后的一面收缩性较大，导致卷曲情况发生。设计师在设计时，可在书籍封面设计一定宽度的勒口，折向封面反面，以增加对抗力，这样可有效防止翘曲情况出现。另外，提高

图5-4 覆膜效果图一

高光覆膜手感光滑，色彩鲜明，达到华丽、引人注目的效果。（何香凝美术馆出版）

图5-5 覆膜效果图二

在很多高档书、画册的设计中，封面表面的覆膜往往采用覆哑胶的方法。覆膜后的印刷品色彩沉着稳重、庄重大方，在覆膜之上，再局部施印光油或加烫金、银电化铝，使印刷品在内敛的含蓄中，透出一种使人瞩目的神采。（湖南美术出版社出版）

封面用纸的厚度，避免在薄纸上覆膜，或者要求厂方适当调整覆膜材料的张力。

(2) 起泡和皱膜。出现起泡和皱膜主要是施工过程中的技术问题，设计师事先要考虑到此种情况的出现。在选择厂家时要特别留意；也可预先试覆几张样纸，调整设备参数和操作技术，使覆膜达到最佳效果。

三、模切与压痕

模切就是在已印好的印刷品上，按设计方案在指定的位置上开孔或将印刷品的外边缘冲切成设计要求的形状。设计中要合理的应用模切技术，透过印刷品封面的开孔看到下一页的局部内容。模切设计在儿童读物、高档售楼书、企业画册等的设计中时常用到。设计师在设计中要事先做一个专门的设计稿，以提供给厂方做模切版。

压痕是指在印刷物需要折叠的部位压一细线痕，以方便折叠。比如用厚纸印刷的封面在覆膜后比较挺括，因此在靠近书脊处就要压一折痕，既利于翻阅，也比较美观。另外，包装纸盒均要经过模切、压痕处理才能使纸盒成型。也可将压痕刀转换成虚线刀，用于邮票等印刷品边缘分割，压出的虚线便于撕断。（见图5-6、图5-7）

四、电化铝烫印

借助一定的压力和温度，使金属箔或颜料箔烫印到印刷品上，以增加印刷

图5-6 模切设计效果图

模切设计是一种典型的印后加工技术，能很好地提升印刷品的价值。在设计应用中，要注意上页与下页的透过关系，要设计得机智巧妙，使上页的开孔和下页画面形成有趣的联系，增加印刷品的视觉吸引力。

图5-7 模切工艺与压痕折叠相结合的效果图

如果在设计中将图像与模切工艺很好的结合，会产生令读者感到惊喜的效果。本图为香港演艺节折叠宣传手册，设计者突破了常见三折叠手册的一般设计思路，糅合了儿童书籍和玩具设计的概念，将模切工艺与压痕折叠手法相结合。

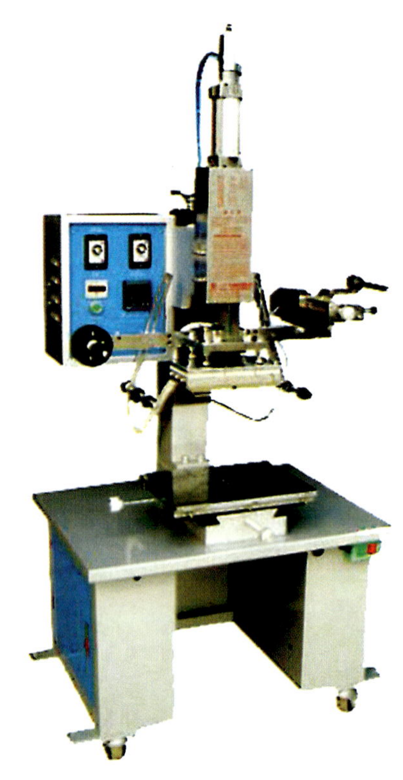

图5-8　国产SF-2A平面烫金机
适合烫印面积较大的各种平面工件。

品的金属光泽，达到美观的效果，这种技术被称为烫箔或烫金。一般用于烫印的材料通常为电化铝箔，因此又叫做电化铝烫印。在设计时，要先做一个专色稿，以方便工厂制成专门版用于烫印加工。烫印材料有一定的规格，国产为450 mm，进口材料为600 mm，设计时不要超过尺寸，否则要重复加工，增加成本开支。（见图5-8）

在设计中，要灵活运用烫印与特种油墨的结合。电化铝烫印有一种闪光的金属光泽，而特种油墨则色泽平稳，如在银色油墨印刷后的底色上加烫银电化铝，文字将产生底色与重点色相互映衬的华丽厚重的艺术效果（图5-9）。此外，设计烫金的图文不宜过于细密，也不宜设计成长弧线，更不要在同一表面上设计多种颜色烫印，因为过多闪光的颜色不但会造成视觉效果混乱，而且会影响覆印质量。

五、凸版压印

印刷好的纸面，平整无凹凸，如果将文字或图形通过凸版压印，使其突出于表面，将会增加画面的层次感和立体感。凸版压印技术一般用在封面的局部，与上光、覆膜或烫金电化铝结合使用，使纸面的重点更加凸出、鲜明。凸版压印的用纸宜稍厚，厚纸有较好的延展性，使凸印部分效果鲜明。（见图5-10、图5-11）

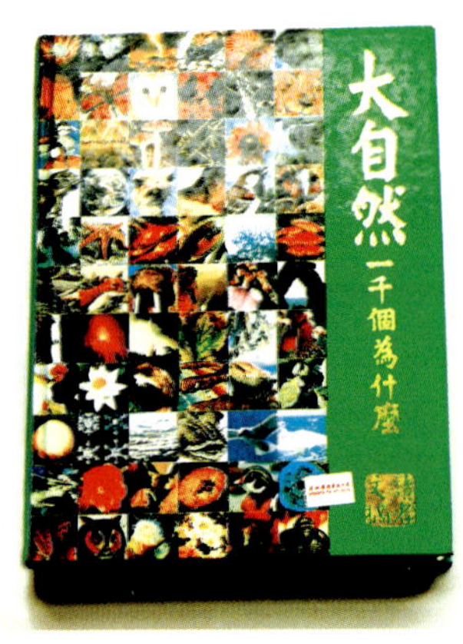

图5-9　烫金设计效果图
烫金设计是印刷设计中用得较多的一种表现手法。将书名或图案加以烫金处理，能突出书名和图案，增加华丽的效果。（读者文摘出版）

图5-10　国产YW-90压纹机
YW-90压纹机适用于在各种纸品上压制花纹，美化纸品的外观，使其表面舒适、富有立体感，而且提高了产品的档次，这是包装装潢行业高档化必不可少的新型工艺设备。

图5-11　凹凸压印效果图
凹凸压印能使平面的印刷品有一种浮雕的质感，一般在较厚的材料上才能很好地表现出预期的效果。（纽约时代公司出版）

图5-12　印后加工效果图一

将凹凸压印与电化铝烫金相结合，突出了标志的分量，增加了表现的层次感。

图5-13　印后加工效果图二

该书封面在覆膜之后，将千手观音图像施印光油，在黑色背景的衬托下，佛像熠熠闪光，很好地烘托出了书籍的主题。（岳麓书社出版）

图5-14　印后加工效果图三

本设计综合了覆膜、印光油、烫金等多种印刷及后期加工表现手法，使画面呈现出丰富的层次和不同一般的视觉效果。

印后加工技术是提高印刷品质量的综合技术。在设计中如能合理运用，将会大大提高印刷品的附加值。每一个设计师都必须熟悉印后加工的种类和特点以及成品效果，在设计中结合客户要求，评估并控制印刷品成本，为达到印刷品成品的最佳视觉效果而加以利用。切忌不看设计内容而滥用，这不但会大大提高印刷品成本，其结果也会适得其反。（见图5-12至图5-14）

第二节　现代印刷品装订形式

印刷品在印刷完成并经过后期加工工序之后，还不能说是正式的成品，必须再经过装订工序才能算是最后完成。装订工艺是印刷工艺流程的重要组成部分。除单张的印刷品外，所有的印刷成品都得按开本尺寸、页码多少、读者对象、印刷品档次、成本预算等因素来选择合适的装订形式。在印刷品的成本核算中，装订形式的选择对成本的高低有至关重要的影响。不同的装订形式会影响到印刷品的最终价格，尤其是书籍的精装本和平装本，其差别更大。

对于印刷品艺术装帧形式的选择来说，装订方式与装帧风格有着重要的关系。中国传统的线装本与圆背精装本书

图5-15 平装书

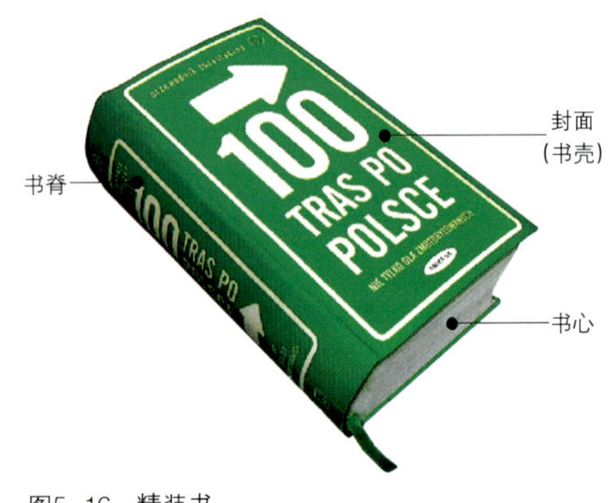

图5-16 精装书

籍传达给读者的视觉信息就表明了中西文化的鲜明区别。装订形式是设计内容的一部分，设计师要熟悉每一种印刷品的装订形式的工艺要求，要了解其视觉效果和触觉效果，并科学地将装订工艺与装帧艺术设计结合起来，使印刷品在功能和美观方面得到最和谐的统一。

中国传统印刷品的装订主要为线装，而现代印刷装订工艺在一百多年前随西洋印刷术由西方传入我国，已成为目前印刷品的主要装订形式。现代装订工艺是根据印刷品的页码和篇幅的多少、印刷品的档次及成本的预算来考虑的，通常分为平装和精装，其区别主要反映在封面的制作工艺和材料选择上。一般来说，平装本的书皮称为封皮，精装本的书皮因用纸板制成，故被称为书壳。（见图5-15、图5-16）

在书心的装订形式上书籍按页码的多少分书脊装订、书侧装订、活页装订几种。书脊装订形式大多应用于页码较多的书籍，书心内页按印张分帖，多帖组合装订成册。精装本的页码一般都较多，因此都采用书脊装订形式来装订书心，便于书页的展开阅读。书脊装订形式中主要有无线胶装、锁线胶装、塑料线烫帖粘订等几种，骑马订装也属于书脊装订方式，但适合装订页码较少的杂志类读物，过多页码的书籍使用骑马订装容易造成书页散落。书侧装订方式是平装书的装订方式，页码较多的多帖书心侧装装订有铁丝平订和锁线平订等方法。侧装书籍不能完全展开书页，过多页码的书籍不宜采用，因此多页码的平装书也大多采用书脊装订形式装订内页。活页装订方式是散页装订，是一种简易的平装形式。

一、平装

平装本有多种装订工艺。一般来说，平装书籍多用于实用、普及类图书，除封面用纸不同外，书籍的扉页、衬页和内页在使用材料上变化不大，以简洁为主。平装本的封面材料一般都为纸质，多为软质封面。

平装按装订材料和装订方法可分为骑马订装、铁丝平订、缝纫订、锁线装、胶装、塑料线烫帖粘订及活页装。

1. 骑马订装

骑马订装适合页码较少的印刷品，是一般小型杂志和小册子的常用装订形式。骑马订装在装订时将封面和内页用铁丝装订机从书脊处穿入固定，然后切齐天头、地脚和外口三面即成书。这种装订方法成本低、速度快、利于翻阅，是一种简便、快速、经济的装订方式。但如果纸张过薄，在铁丝装订位易破损掉页，时间长了，铁丝又会生锈，不利于长期保存。（见图5-17至图5-19）

2. 铁丝平订

使用专用订书机将铁丝在靠近书脊的订口穿过书心，在背面弯脚固定，包上封面，切齐天头、地脚和外口三面即成书。这种装订方式成本低廉，速度快捷，但不适合过厚的书籍使用。这种方式的缺点是因订得过紧，给翻阅带来不便，而且时间长了铁丝会生锈并透过封面露出锈迹。（见图5-20）

3. 缝纫订

使用专用缝纫机加工，操作简便，装订部位类似铁丝平订，但没有铁丝订生锈的缺点。这种装订方式与铁丝平订存在相似的问题，即书籍展开不便，不适宜装过厚的页码，不能联机操作，在工序上不能形成流水作业，其功效也较低。（见图5-21）

4. 锁线装

这是一种质量较高的装订形式，能装订任何厚度的书籍，也便于摊开翻阅。这种方式是将书帖折缝串线连接，相互锁定成册，再经粘连固定，包上封面切齐即完成。此

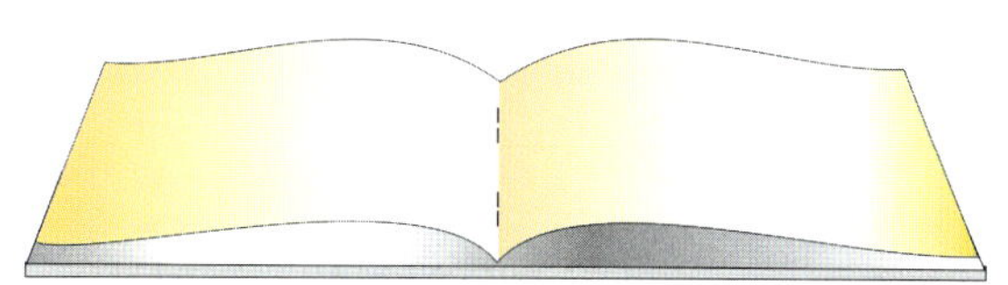

图5-17　骑马订装

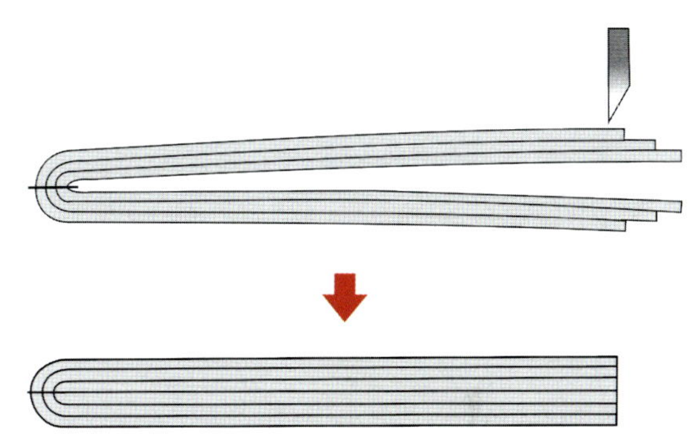

图5-18　书籍装订后将毛口切齐成书

图5-19　海德堡Stitchmaster ST 350订书机

它是适用于大中型印刷厂的专业化的骑马订书机，其速度每小时最高可达12 000次，产品幅面从320 mm × 480 mm（12.6 × 18.9英寸）到85 mm × 128 mm（3.35 × 5英寸）不等。它具有较高水平的智能控制系统。

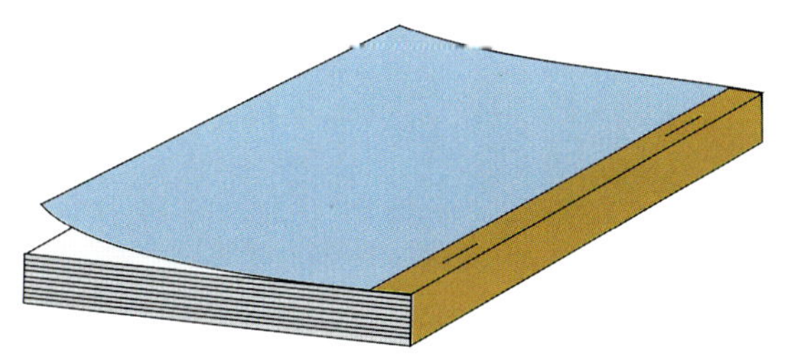

图5-20　铁丝平订

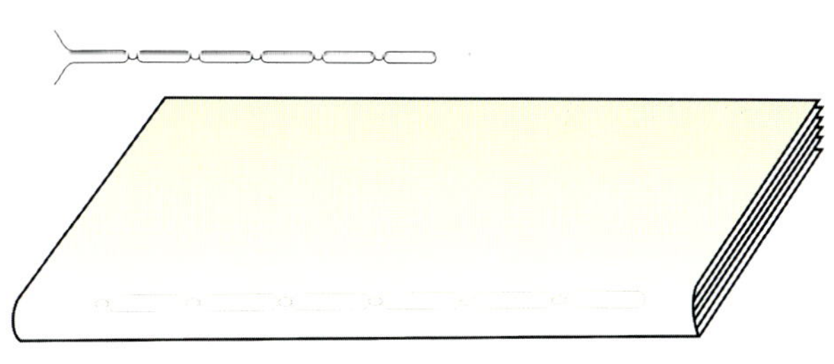

图5-21　缝纫订

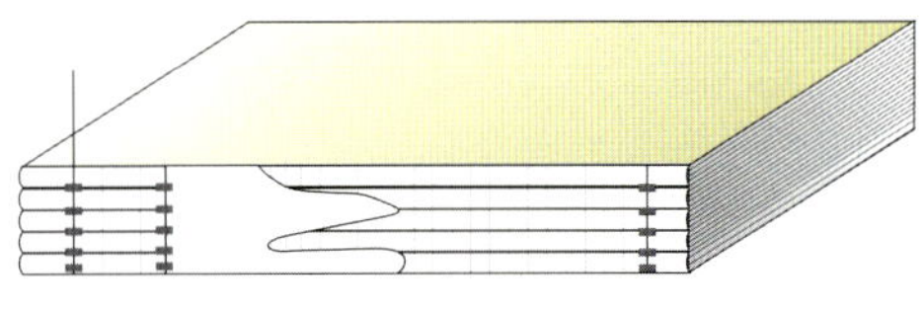
图5-22 书脊锁线装订

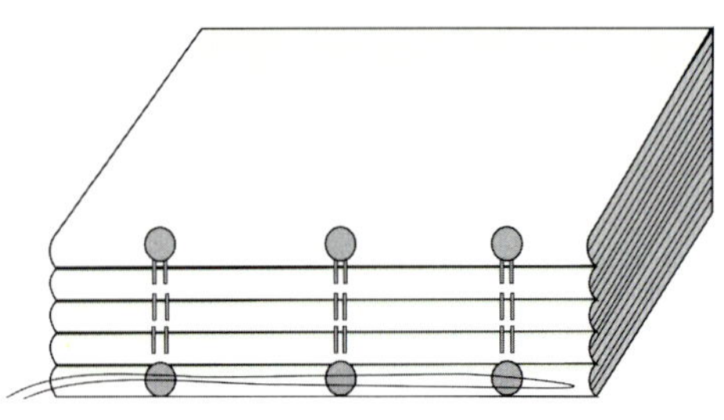
图5-23 线装平订，适合装订较厚的书籍

种方法时间要求较长。（见图5-22、图5-23）

5. 胶装

胶装也称无线订，使用胶粘剂将书的每一页或每一帖沿订口依次粘接牢固。这种工艺的特点如锁线装一样，书能摊得开，有利于阅读；而且还能进行机械联动操作，既减少了操作工序，也降低了工人的劳动强度，其装订速度非常快。（见图5-24、图5-25）

6. 塑料线烫帖粘订

在每帖书页的折缝处将塑料线像骑马订一样穿过，两只订脚朝外加热熔融并与书帖沿折缝黏合，书帖与书帖之间刷胶、贴纱布黏合形成书心，经过二次刷胶、包封面等工序成型。这种工艺综合了骑马订、锁线订、无线胶订三种工艺的主要特点，具有书籍能摊开、装订牢固的特点，但最重要的一点是：这种装订方法能多道工序联动作业，形成顺畅的流水线生产。（见图5-26）

7. 活页装

活页装是一种简易的装订形式，适用于页码不多或者内容需要补充或更换的出版物，常见的形式有在装订口处打眼穿孔，用塑料或金属丝圈将书页连接。翻阅时能完全展开摊平，诸如一些

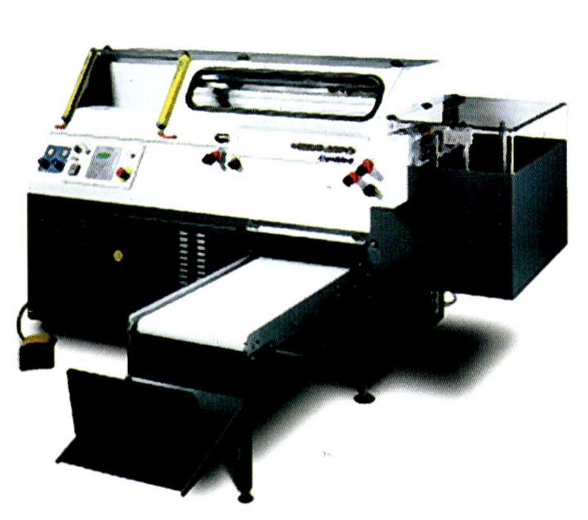
图5-24 海德堡无线胶订机

它可装订单张纸和折页书帖，装订长度从120~ 440 mm不等，速度最高可达500本/小时，能够加工高达5 000本的规模。

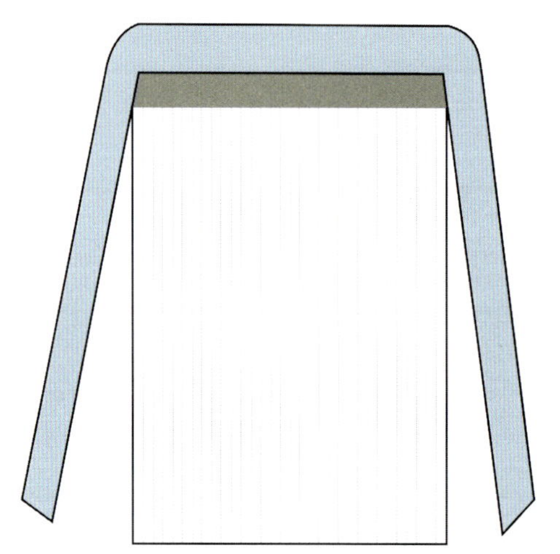
图5-25 胶装

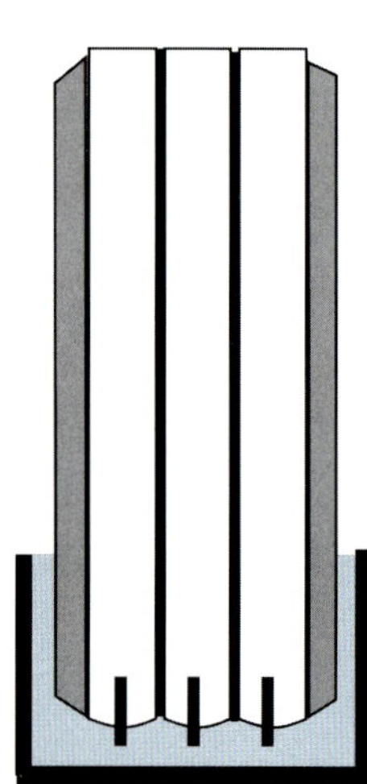
图5-26 塑料线烫帖粘订

产品目录、摄影集、台历、月历和样本设计等时常采用。（见图5-27）

二、精装

精装本是在平装本内页的基础上再加外壳，其外壳使用的材料与平装本有很大的区别，多选用较为结实、坚固的材料作为封面用料，如羊皮、绒、漆布、绸缎、亚麻等，一般都以较结实并有一定厚度的硬纸板为内衬，这对提高书籍的档次和保护书籍都起到了很好的作用。在装帧设计上，精装书也比平装书要讲究得多——封面和书脊上常采用很多印后加工的工艺技术，如烫金、烫电化铝、凹凸版压印，增加护封和函套的设计，内页也附加一些装饰性页面，使书籍整体上显得更加豪华、典雅，外观挺括。精装书籍装订形式一般用于字典、词典、实用手册等经常翻阅的工具书，许多大型学术著作、文学名著、高档画册等高档读物也都使用精装本装帧设计，这不但有很高的欣赏价值，也有很好的收藏价值。

1. 平背精装

平背精装书的书壳比内心在上口、下口及外口都多出三毫米，起到保护书籍内页的作用；书脊为平面，书脊与封面和封底的连接处都有压槽，以便于读者翻阅；在封面、封底和书脊部位都衬有厚纸板，外观挺括、平整。

封面用料除了采用精装书封面一般常用的高档用料之外，有时也可采用纸质材料。但相对圆背精装书籍而言，平背精装书籍的制作工艺相对简单，成本也较低。（见图5-28）

2. 圆背精装

圆背精装书其外观比平背精装书更为豪华。其书脊为圆弧形，封面用料多为布料、皮料和合成材料，在书籍外面往往还设计有纸板函套，给书籍多增加了一层保护性的外包装，也增加了更多的厚重感。（见图5-29）

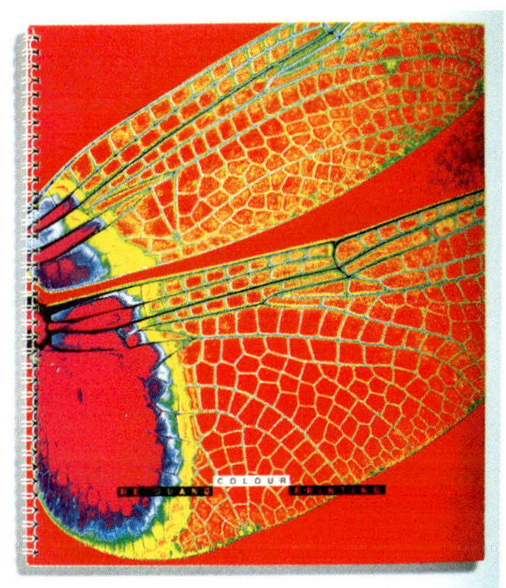

图5-27　活页装

图5-28　平背精装本

图5-29　圆背精装本

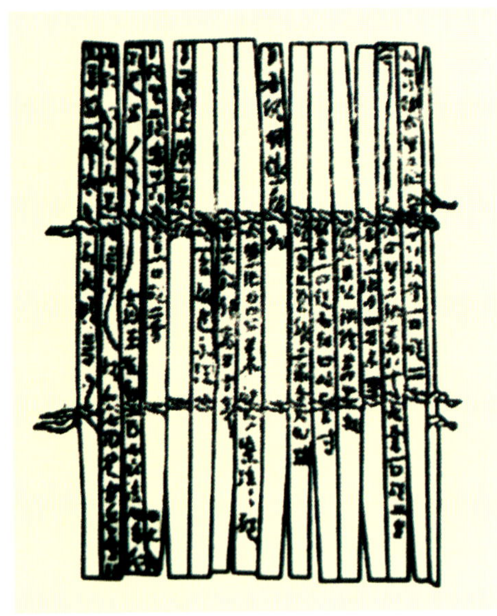

图5-30 简策装

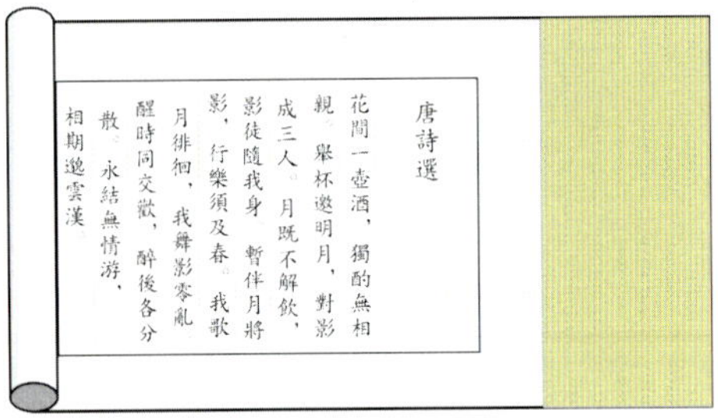

唐詩選
花間一壺酒，獨酌無相
親。舉杯邀明月，對影
成三人。月既不解飲，
影徒隨我身。暫伴月將
影，行樂須及春。我歌
月徘徊，我舞影零亂。
醒時同交歡，醉後各分
散。永結無情游，
相期邈雲漢。

图5-31 卷轴装

图5-32 经折装

第三节 中国传统装订形式

中国传统的装订形式基本上为手工操作，其装订效率不高，目前已十分少见。然而，传统的装订形式却有着手工制作的工艺价值，在一些印数不大的印刷广告设计中，若选择合适的传统装订形式加以利用，无疑会提升印刷品的文化品位和艺术价值。

中国传统的装订形式主要有以下几种。

1. 简策装

简策装是我国古代最早的一种装订形式。古人将竹子和木头削成薄的细条，并用毛笔在上面书写文字，这被称之为“简”；将“简”编联串接起来形成一连续的文章，即成为“策”（汉语中的“册”字，形象地表现了“策”的形状）。策与策之间的连接形成一条中缝，对每行文字形成自然的界限，方便阅读，这种装订形式盛行于中国古代的春秋战国时期。后来的线装版书籍都将文字分行划以界线，就是最早简策装的遗迹。（见图5-30）

2. 卷轴装

在中国古代的装订形式中，卷轴装也是一种重要的装订形式。古人将文字写在丝绸织品上，这被称之为“帛书”；将帛书的两端装上木制的轴，并将帛书卷在轴上，便于携带，这就叫做“卷轴装”。这种装订形式一直流传到现在，在中国的书画装裱中仍然是一种主要被选用的形式。（见图5-31）

3. 经折装

在中国佛教经文的装裱形式中有一种被称为“经折装”的折页本。它是将写在长幅的丝绸或纸上的文字装裱后，按一定的规格折成“折子”，两头装上裱有绫缎的薄木板或硬纸板，作为封面、封底，便成一精致的册页；阅读时，一页页翻开，十分方便。这种形式被称为“经折装”。在现代印刷广告设计中，折页的形式运用十分普遍，而且样式变化多端，是印刷广告设计的一种重要形式。（见图5-32）

4. 旋风装

这是中国宋、元时期流传的一种装订形式。它将正反均写有文字的书页，从右至左依次将页面的一边叠粘在一长幅手卷上，逐页渐

图5-33 旋风装

短，累叠如鱼鳞覆盖，因此也被叫做“龙鳞装”。收藏时就将其卷成手卷，携带方便。当时的这种旋风装已具备现代装订的雏形。（见图5-33）

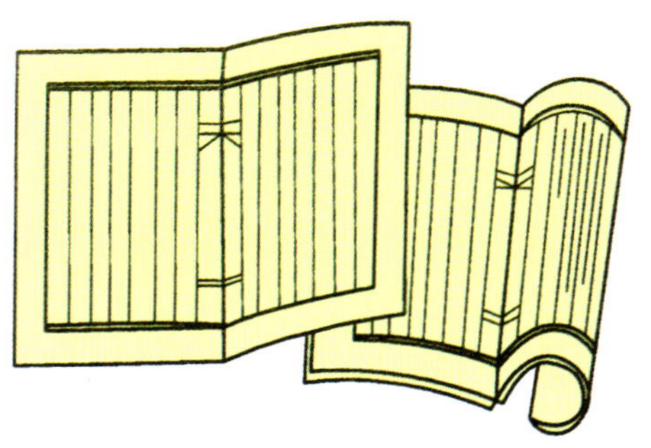

图5-34 蝴蝶装

5. 蝴蝶装

这是将单面印刷的纸张对折，折缝后粘贴在预制的订口条上的一种装订形式。在翻阅时，印有图文的页面会形成一个完整的大页面（通码），背面则为空白。这种装订形式的好处在于印刷面展开后中间没有装订的痕迹，特别适合展示一些大的画面，反面空白也可印上一些其他内容，如说明文字等。这种盛行于公元12世纪的散页装订形式在今天仍被采用，如一些地图册和高档精致的大型画册都使用这种装订方法。（见图5-34）

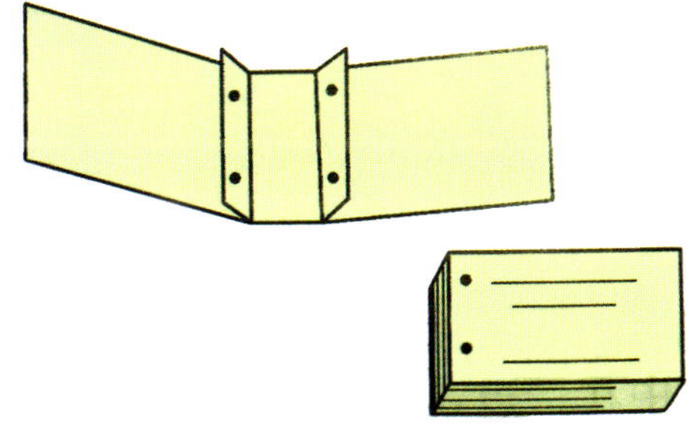

图5-35 和合装

6. 和合装

这种装订形式的优点是可将内页或书心拆开调换。在封壳的里面与书脊连接的左右两边，各有一条供串线的部分，叫“书耳”，其高度与书心相同，使书壳与书心能借此连接在一起。（见图5-35）

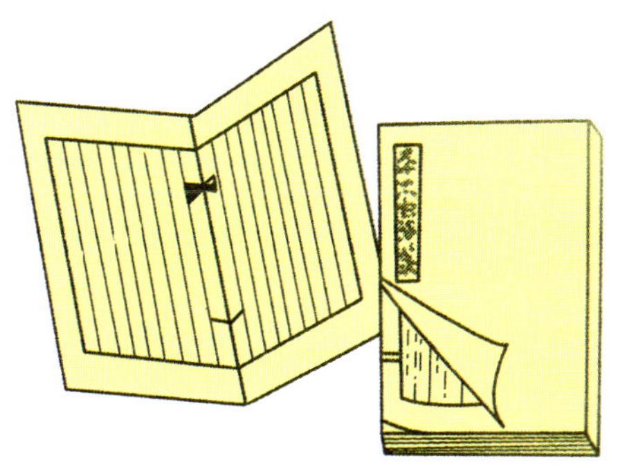

图5-36 包背装

7. 包背装

这种装订形式将单面印好的书页白面向里对折，配页后再将其折缝对齐，并将折缝对面的纸边粘在供包背的纸上，再包上封面，就形成一本书。（见图5-36）

图5-37 线装

8. 线装

这种装订形式是将单面印好的书页白面向里对折，将折缝对齐，切齐后用线按一定距离穿连，贴上签条，印上书根字，即完成装订。线装书的装订形式在今天的古籍出版物的装订中仍是一种经常被采用的装订形式。（见图5-37）

思考题

1. 为什么说印后加工能提高印刷品的质量?

2. 印刷品的装订形式有哪两种?

3. 试举例说明手边印刷品印后加工的具体工艺有哪些?

第六章

印刷设计程序

YINSHUA SHEJI CHENGXU

第六章 印刷设计程序

本章导言：理论的目的是为了实践的顺利。在学习了前面几章印刷理论之后，本章将进入印刷设计实践阶段。印刷设计过程是一个需要严密规划的系统工程，也是艺术和技术结合的过程。这其中既需要与客户谈判的社交沟通能力，也需要有高超的艺术设计的能力，同时还必须具备印刷工艺的专业知识。本章所列举的报纸广告设计、手提包装纸袋设计、书籍封面设计这三个设计案例，都是印刷设计的真实案例，通过对案例的解析，学生可以在设计实践中循序渐进，举一反三，从而掌握印刷设计的每一步骤。

在商业设计实践中，一个平面设计师的工作不仅仅只是将受委托的设计稿按时完成，而且还要根据客户的要求对印刷品的内容、艺术创意、产品造型、印刷材料、产品功能、生产成本、设计印刷利润、工作周期等诸要素进行组合，以满足客户的要求，这才是工作的最终目的。印刷设计的工作程序大致可分为接受客户业务委托、印前艺术设计实施、印刷及后续加工三大部分。

第一节 印刷设计程序

一、接受业务委托

1. 讨论交流

接受一项客户委托的印刷设计订单之时，意味着一项新的设计工作任务已经开始，与客户之间保持良好的沟通是工作顺利进行的依据。印刷设计要解决的问题是：如何选择最合适的印制材料，并将此与最佳的设计视觉效果相结合，从而满足客户的要求。既然要解决问题，就要有科学的方法与程序。设计的过程其实是一个为客户解决问题的过程，包括对问题的了解与分析，对解决问题方法的提出与优化。“形式为内容服务”是设计的基本规律，因此设计项目的内容对设计形式起着决定作用。

在每一个成熟的现代企业中，都会有一套比较系统的企业形象识别系统（corporate identity，简称CI)。完整的CI系统包含理念识别系统（mind identity，简称MI)，行为识别系统（behavior identity，简称BI)，企业视觉识别系统（visual identity，简称VI)。其中，“VI”企业视觉识别系统包括产品包装系列、车辆运输工具系列、办公用品系列、人员服装系列、内部标志指示系列、展示陈列系列等各方面视觉信息传播媒介，以企业标志、标准字体、标准色将上述各项内容统一起来，构成企业对外形象传播的统一性。在对外发布的所有视觉宣传品中，都会有企业的识别标志和辅助图形、标准色和专用字体。在印刷设计中，一定要遵循企业的视觉识别系统的相关规定，使用的色彩体系和字体、字库要与企业视觉识别标准一致。有的企业虽然还没有系统的CI体系，但在对外宣传广告中也要形成比较统一的色彩、统一的设计风格等。所以，设计师要与客户深入探讨，研究企业产品的市场定位和企业的社会价值取向，在即将开始的设计项目中，找到合适的切入点。（见图6-1）

在与客户的前期交流中，要了解客户委托设计、印刷产品的使用目的。很多客户可能对产品的最终形式和预算没有明确的概念，设计师可以提供相关产品的样本进行适当的讲解分析。在与客户深入的交流中，设计师要了解客户对产品所要求的最终形式，印刷品的开本大小、篇幅、印数，是单色、双色还是四色印刷，有无专色要求，印刷承印材料的选择、印刷用纸的克度、纸张种类、装订形式、后期加工要求等相关信息；要详细检查客户交付的所有图片是否符合印刷要求，文稿及相关资料是否齐全；要了解客户希望交货的确切时间和地点，核算设计、印刷及其他成本因素。

客户提供的原稿可能会包括书写手迹、绘画原图、印刷文字、图片（照片、底片）、电子文件、实物等。对文字原稿的检查要注意是书写文字还是印刷文字，要特别注意书写文字的识别是否顺畅，改动的地方能否辨别清楚；对客户提交的图片要注意是否符合印刷的要求，清晰度和色彩有无问题，是否需要重新拍摄；对电子文件要注意能否在计算机中打开，保存格式是否能够在设计软件中加以转换等问题。

在与客户深入交流并基本达成一致意见之后，经过周密的核算和统计，可以向客户报价。

2. 报价

印刷品的合理报价是设计、印刷的工作基础，报价合理意味着对业务的双方，即委托方和被委托方，都要公平。在艺术设计和印刷包装的有偿服务中，各行业都会有相对公开的收费标准，一般不要与行业基本标准偏离过远，成熟的客户一般都会把各不同设计单位的报价进行比较，将报价作为市场考察的重要指标。设计师要考虑到设计过程中因设计难度过高所付出的时间成本和由此带来的工作压力等无形成本。报价过高可能会让潜在的客户基于成本的考虑，最终放弃委托，设计师将得不到期望得到的委托合同。报价过低，往往会抑制设计师创作才能的发挥，同样也会引起客户对设计师专业才能的怀疑，也可能使设计师失去预想得到的合同；报价过低，还将使设计师承担

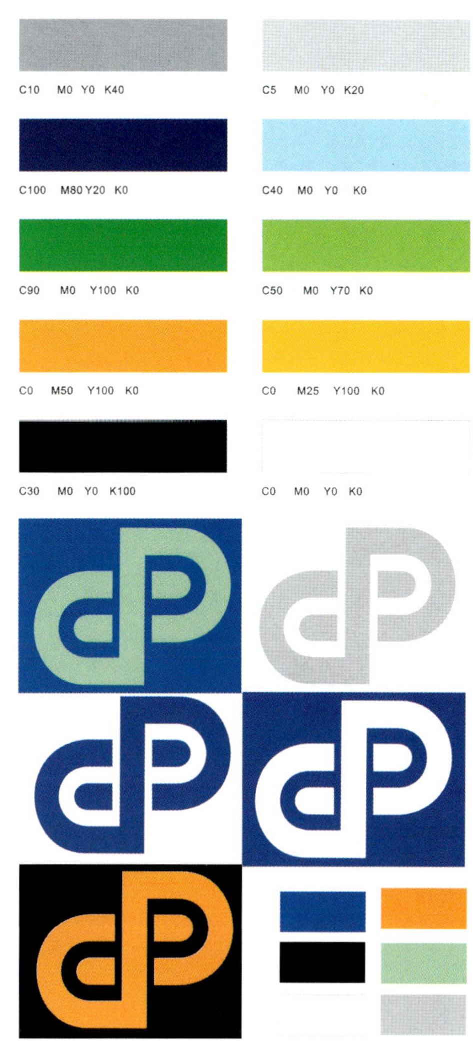

图6-1 企业视觉识别系统中的标志和标准色的组合运用

过重的风险压力，一旦设计或印刷过程出现意外情况需要返工，设计师可能失去最后的利润空间，劳而无功。报价是设计师交流能力和相关专业知识的综合体现，设计公司的规模和设计师的声望也会使设计报价大不相同。

在市场专业分工协同工作的背景下，大多数设计公司与印刷公司的联系是一种比较松散的非合同约束的业务关系，设计公司往往会有多家关系比较密切的印刷合作企业。根据自己所接受的设计项目特点、印刷品类别和客户对产品的最终要求，设计公司将挑选合适的印刷合作企业。选择不同的印刷企业作为合作对象主要基于以下几点考虑：印刷公司的生产规模及产品质量；可以承接的印刷品种类和成品交付时间的确定性；以往与印刷企业合作成功的经验；印刷企业报价的合理性。与设计单位规模不同报价也不同一样，印刷、装订企业规模和设备的差别也明显表现在报价的不同上，大型印刷企业设备先进，管理规范，质量和交货时间有保证，报价可能远比小型印刷企业要高出很多。

报价是合同签署的基本条件，是合同最重要的条件之一。价格谈定了，合同的签订一般都没什么大的问题。印刷设计的报价从工艺流程和服务类别来说，有以下几项内容。

（1）设计工作的报价。

一般印刷品设计费报价，如海报设计（元/幅），画册、产品目录、年鉴版面设计（A4版面，元/P），印刷品封面设计（元/幅），大都以基础单位计价，也有以一个设计项目（包含所有设计内容）来计价的。

（2）印刷、装订的报价。

印刷、装订的报价分印前图片扫描、版面规范整理、四色分色输出制版、打样校对、印刷用纸量核算、上机费、印刷费、专色制版印刷费、印后加工费（烫电化铝、开孔模具、过UV、覆膜等）、装订费、包装材料费等。通常，印刷企业会与设计公司或设计师签订服务合同，设计公司与印刷企业的合作深度可能影响最后的印刷报价。

（3）其他服务项目的报价。

根据设计委托方提出的要求或提供的原稿类别，设计工作可能产生其他相关费用，如室外图片的拍摄费（可能关系到远距离拍摄的交通工具费用和差旅费）、室内图片拍摄费（贵重设备使用费）、广告模特费、文件翻拍费、广告文字撰写费、文字整理输入费、印刷品托运邮寄费等。在签订正式设计合同时，要详细核算并列出相关服务项目的费用，以免出现不必要的失误，影响设计工作的正常进行。

通常来说，设计师向客户的最终报价包含了设计、印刷及其他所有的服务，是一种综合报价。相对单纯的设计报价而言，综合报价显然牵涉到的服务类别较多，工作的范围更大，当然承担的责任也更重，而且由此产生的利润也会明显提高。

3. 签署正式合同

在与客户进行充分的交流之后，双方意见达成一致，就可以签订委托合同了。合同的主要内容包括项目的最终完成形式、工作周期、交货方式及地点、相关费用的结算方式等。

二、审定设计原稿

原稿是设计工作的基础。要注意全套原稿是否完整或缺陷，在交接原稿时要一一备注，并与客户商议原稿缺陷的补充方式和处理办法。原稿的准备是设计工作的第一步，很多时候客户提供的原稿可能是一堆未经整理的综合材料，因此在设计之初一定要详加检视，特别是重点图片和关键文字要加以标注；客户没有提供而设计产品中需要体现的文字和图片内容，要记录下来，并核算工作量的大小。

有些客户提供的设计原稿往往有很重要的文献价值和纪念价值，可能是珍贵的手稿、历史照片，很多原稿甚至无法用一般经济价值来衡量。因此，保护好设计原稿是设计工作中要十分关注的一项事情。原稿在客户交付的同时，一定要登记交接清楚，专人保管，在签署正式合同中应该注明客户交付的所有原稿类别并编号登记。在设计项目完成之后，及时将原稿清点并退还给客户。

三、艺术设计过程

1. 设计版式本

如果设计项目为装订成册的印刷品，设计之初应该按印刷品最终成品的篇幅和开本尺寸比例做一本小型的版式本，也就是设计的草稿本。在版式本的设计中，只要求概略地绘制文图的摆放位置，大致地进行图形和字体的设计，标示图片的大小和裁剪角度，编排文图的顺序并计算页码。版式本的制作是前期设计的一项必要的工作，在此制作中可以让设计思路自由发挥，这对印刷品的规划和篇幅的计算很有好处。

2. 文字输入

录入段落文本（人工键盘录入或纸面文件的OCR软件扫描录入）后，文字处理工作在专门的文字处理软件Word中进行，已经录入的文字在储存时要使用纯文本格式保存文档，在转入排版软件后再进行编排格式的调整，因为在文字处理软件中编排好的文本格式在导入排版软件后，格式不会保留，还得重新再编排。如果客户提供的文本文件是电子文本，则省去了文本录入的时间，也在很大程度上避免了文本录入错误的产生。因此，设计前应该要求客户尽可能地提供电子文件，以提高工作效率。

3. 扫描图片

使用平板扫描仪扫描图片，扫描得到的图像精度不需要太高，因为高精度的图像，文件量很大，这会直接影响设计工作的进度。此阶段的图像仅用于设计排版，并不是用来制版印刷，而且图像的大小、位置和取舍都还没得到客户的确认，可以先以文件量较小的图片设计初稿。设计阶段的图像精度以能在喷墨打印机上得到较好的输出质量即可。用于印刷的图像可以在设计稿被客户通过后，再将需要的图片交付专业扫描公司进行高精度扫描，按已被客户认可的设计样稿进行图片修改与置换。

4. 设计页面母版

设计之初，在计算机中要根据设计的版面做一个母版，将版面的尺寸、版心尺寸、切口位、辅助线、角线和折位线都一次性做好，一个设计项目中的所有版面一般都是同样大小的。在做好母版之后，可以统一所有有关尺寸，避免重复设置和出现不必要的差错，提高工作效率。在设计稿输出分色胶片时，一些专业输出软件可以按标准印刷版面设置规范的四色角线，但在一些特殊开本的版面设计中，特殊折位和角线位置还得人工设置。因此，在设置母版角线和折位线时，一定要注意将其设置为四色线，这样才能在印刷中随四色版一起印刷。

5. 艺术设计

艺术设计是设计师发挥创意和才能的具体体现。印刷版面的艺术设计包含四个方面的内容：文本的设计，图形、图像的设计，版面色彩的设计，版面的构图设计。

在一般的版面设计中，文字是占据位置较大的版面构成部分。文字的处理要根据设计的需要，对所输入的文字信息进行加工和处理。对一般阅读文本的文字处理包括：段落的排序、分类，文字排列格式的确定，文字的增减、修改，标点符号的调整，语句的通顺，字体、字级的选择，字体位置的确定，文本绕图处理等。在艺术字体设计中还包括对字体的图形化设计、文字适应路径、美术标题字体的设计等的处理。

在版面艺术设计中，图形、图像是构成版面视觉效果的重要元素。图形在专业的图形制作软件中绘制而成，也可以将输入的矢量文字改换曲线后，进行图形化文字设计。图形的处理包括：图形的制作、色彩选择、位置与大小、阴影与透明度的设定等。设计中的图像处理包括：色彩校正与颜色转换，图像的褪底与裁切，锐化与模糊，图像色彩模式的转换，清晰度的调节，等等。

在设计一件印刷品时，色彩在设计中的运用，要符合客户方企业形象识别系统（VI）标准色的基本规定。设计色彩是装饰色彩在对比、协调中的运用，主色调在不同主题的设计项目中都会起到协调统一的作用。印刷版面设计中装饰性的底色和色块，是构成版面设计的一个重要组成部分，对版面的效果和气氛的烘托能起到至关重要的作用。

印刷版面的构成是以文字、图片、色彩为基本元素的。如何将这几项基本元素组合成视觉效果极佳的版面，就是设计的构图处理了。构图在版面设计中有一些基本的法则，如均衡、对称、穿插、留白等，讲究的就是一种对比关系。对比关系是版面设计构图的基本原则，在设计过程中，对小版式中考虑过的设计方案和设计草图会起到很大的帮助作用。由于图片和文字的摆放位置及裁剪方式已经在草图阶段考虑过，所以在进入正式设计阶段后，工作的目的性就会更明确。

6. 设计打样及校对

设计稿在基本完成后，必须打印出来，并按印刷页面的顺序编排好，交付客户校对。此时的打样是对设计师的抽象设计观念转化为具体设计版面的检验，也是将设计稿交付客户检查校对的必要过程。这时的设计稿只需使用喷墨打印机打印样稿即可。喷墨打印机在打印文件时，不能将页面整版打印，而是会在页面的四边留出白边，所以在交付客户之前，要将白边裁掉，以免客户在接受最后的印刷成品时，会产生与校对样不一致的感觉。打样稿要按照设计的页面顺序，手工装订成样书，便于客户校对，也是检查页码编排正确与否的必要方法。

校对是设计中的一个重要步骤。校对的内容主要是对文字的检查，其中包括对文字的内容、格式、标点符号、字体字号、段落编排顺序的检查，特别要注意检查外文单词、文本中的数字和地址、电话号码是否准确；图片的校对要注意图片的编排顺序、图片中说明文字是否准确。校对也是客户审定设计稿风格的一个重要过程。校对一般为三次，称为三校，但在设计实践中，客户可能会更换图片和文字，有时甚至造成设计版面的完全改动，因此，校对的次数往往会超过三次以上。在校对阶段，设计师要与客户深入探讨，将自己的设计理念和版面设计风格向客户阐述清楚，尽可能地说服客户接受自己的设计作品。这个阶段是考验设计师设计能力和语言表达能力的重要阶段，甚至是决定设计作品能否如愿进行的关键时刻，千万不可等闲视之。

由于计算机会受到病毒的侵袭和硬件的其他故障造成计算机系统瘫痪或崩溃，因此设计师在设计过程中，要时刻注意文件的备份。特别是在作品完成之后，一定要将备份文件储存在另一台计算机或移动硬盘中，以防出现意外情况，影响设计工作的进度。

校对样的改动需要客户签字，每次签字后的校对样都要妥善保管。在印刷的整个过程中，很多时候可能会出现一些预料不到的情况，有时不经意间的错误会造成印刷成本的增加，甚至造成无法挽救的后果，导致已经印刷好的成品全部报废，酿成重大责任事故。因此，校对这一环节是避免出现重大错误的主要环节。

7. 输出制版

设计好的版面在经过客户最后校对、签字认可后，版面设计的工作可基本告一段落，进入印刷前制版输出准备阶段。此时，设计师通过移动存储设备或网络传送将设计稿移交给专业输出中心进行四色胶片的输出。每一个粗具规模的输入、输出中心都会有一批精通印前设计和印刷工艺的技术人员，他们会按照印刷工艺的规范要求在输出之前仔细检查文件的各项细节，如角线和折位线的设定是否准确，图片的分辨率和色彩模式是否符合印刷的要求等。经过检查的设计稿通过照排机处理后，整页的图文信息输出记录在感光材料上被制成分色胶片，或直接输出记录在印版上制成印刷版(PS版)。经过印前处理记录在分色胶片上的图文信息，还需拷贝（复制）在金属薄板上制作成印版，这样才能上机印刷。这一过程即制版。印刷用的版材种类很多，一般书籍和画册主要使用PS版印刷，PS版是一种预涂感光材料的金属薄板。制版要根据所采用的印刷方式选用相应的制版方法和工艺，在印版上形成具有一定印刷特性的图文要素。

8. 印前打样

在大批量印刷之前，必须进行打样测试，从而为批量印刷的颜色质量提供参考，这对制好版的设计稿也是最后的一道检查。在专业输出中心，一般提供3～4套打样稿。打样使用的是专业的单张打样机，由于是人工单张逐色打印，所以就避免了机器大批量印刷过程中机械细微误差对印刷质量的影响，颜色也会比较饱和、鲜明，精度要比机器批量印刷好。也正因为如此，人工打样的样张被用作大批量印刷时检查正式印刷质量的参照物，在印刷过程中的这项对比参照一般被叫做“跟样”。打样所用的纸张也是大批量印刷所使用的同样的印刷用纸，这也保证了打样与批量印刷的印刷油墨在纸张上呈现色彩的一致性。

打样发现的文字和图片错误可以得到最后改正。在打样阶段，如果客户对设计提出修改意见，也可以进行小面积的修改；如果改动过大，就需重新制版，这样会更节约些。虽然重新制版会增加整体成本，但毕竟要比印刷后再发现错误要合算得多。

9. 印刷

设计稿在制版打样后，就进入了正式印刷阶段。通过印刷机将印版上的图文转移到承印物上，得到大量印刷复制品。不同的设计项目可能需要应用不同的印刷方式来完成。印刷完成后，要抽样检查印刷品的质量，包括版式、图文要素、套印、图像的色彩、层次、清晰度等各个方面。

10. 印后加工及装订

根据印刷品的不同应用的需要，印刷后还需对印刷品进行上光、覆膜、凹凸压印、模切压痕、裁切等印后加工处理。加工后的印刷品通过装订、裁切毛边后才算真正成为正式产品。

第二节　印刷设计案例分析

一、报纸广告的的设计

报纸作为一种大容量的信息载体，可以刊登很多的广告信息，在广告媒体的分类中是十分重要的传播形式，并一直居于平面印刷广告的主导地位。长期以来，报纸广告就一直被广告商和平面设计师所重视，是平面印刷设计的重要领域。报纸的发行有很强的时效性，隔天的报纸一般就成了要回收的废纸，除非个别版面有保留的必要。因此，报纸的广告设计强调的是视觉的冲击力，让读者在第一眼就能看到广告的内容。作为一名成熟的平面设计师，必须了解报纸新闻媒体的传播特点，在设计中有效地利用其传播特征与印刷特性，设计出优秀的平面设计作品。（见图6-2、图6-3）

1. 报纸广告设计步骤

（1）原稿审稿、定稿。报纸广告设计的第一步就是整理设计稿件。一般情况下，客户应该提供全套广告资料，客户提供的资料可能不是很全面，也可能杂乱无章，大多数客户可能仅提供照片和文字，当然也有少数客户会提供非常详尽的资料，甚至设计初稿，设计初稿甚至有时已经由客户完成了。对于客户提供的任何文字与图片，设计师均要仔细检阅，及时发现问题并与客户协商解决。有的客户可能仅提供广告意图的设想，那么，设计师要与客户详细地制定将要发布的广告内容，代为拟定文案，制作广告标题，拍摄、选定图片，确定将要发布的广告细节。

设计师要认真检阅客户方提供的任何文字与图片资料，特别是要注意图片的完整性、清晰度、尺寸大小。如果客户提供的图片是电子文件，一定要在电脑中打开检查，毕竟客户不是专业人士，所提供的图片可能并不适合制版，一旦发现，及时更换或重新拍摄。

图6-2　广告作品（一）

此广告将一只三条腿的狗作为画面唯一图形，引发读者的好奇，而主广告语和副广告词则揭示了广告的主题，发人深思。画面简洁明了，对比鲜明，设计干净利落，是一幅成功的报纸广告作品。（何清辉设计）

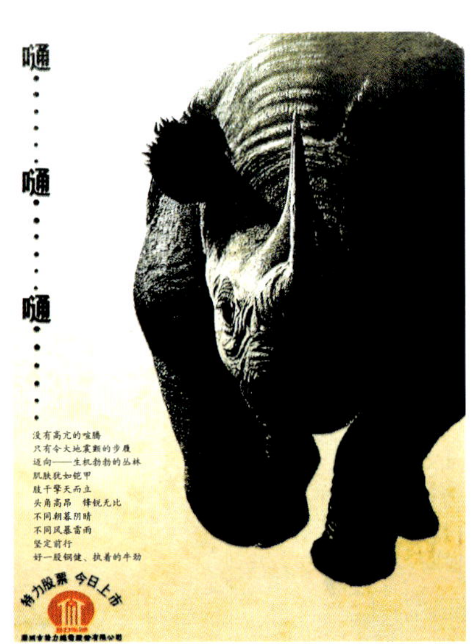

图6-3 广告作品（二）

此幅报纸广告主题明确，文字和图形简洁生动，图像的选择出人意料，给人以深刻印象，在引人一笑中表现出上市公司的雄厚实力。色彩统一在明快的浅黄色调中，视觉效果鲜明，是一幅优秀的报纸广告设计作品。（李克克设计）

设计前期整理稿件的工作可能紧张而烦琐，但前期的工作如果做得细致，定会使接下来的设计十分顺利。不同的客户会有不同规模的广告业务项目，但共同的一点是，他们都会要求设计师提供一流的服务质量，而良好的稿件质量是优秀广告设计作品的基础。

(2) 确定发布时间。报纸广告随每天报纸的发行而发布。报纸是周期性很短的平面媒体，时效性很强，在报纸上发布广告一定要事前预定发布时间，由广告主、发布媒体、设计师三方约定，这是商业合同中的重要内容之一，受到法律的保护。时间的确定实际上就是设计周期的确定，设计师在约定的时间内要做完设计初稿、交客户审稿、校对修改、定稿、制版输出等工作。时间就是生命，效率就是金钱。在设计的过程中，时间会显得十分紧迫。

(3) 确定发布版面。每份报纸的版面数基本固定，不同级别的报纸对广告的设计要求不一样，同一份报纸的不同版面，广告的发布费用也不一样，彩色版面与双色、黑白版面的设计要求更是不一样。报纸版面的尺寸固定，一般广告以栏宽和行数为标准，通常有整版、半版、三分之一版、四分之一版之分。分类广告基本以纯文字形式发布，尺寸固定、版面固定。在签订设计合同之前一定要确定广告的发布版面。版面的长宽比会对画面的构图有约束性的要求，设计师必须在有约束的条件下充分发挥自己的想象力和设计才能，只有这样，才能完成一件优秀的设计作品。

2. 报纸广告设计程序

(1) 确定广告主题。客户提出主题，设计师围绕主题提出创意并制作广告词。创意并是一幅广告的灵魂，是一幅广告成功与否的关键因素。报纸广告一般需向读者提供完整的信息，因此需具备大标题、小标题（副标题）、正文、图片、商品名称、品牌、标志、厂家名称、地址、电话等资料。

(2) 制作初稿。初稿制作要放开思路。图片如何拍摄和选择，画面采用照片还是绘画，怎样剪裁图片，是否采用文字设计，画面如何表达创意，最后的视觉效果如何，均要仔细考虑。报纸广告是在有限的平面空间内进行受限制的设计，即构图受到版面尺寸长宽比的约束。如何在一定的平面范围内通过画面中各构成元素的有机组合，达到最佳的视觉效果，并将需要表达的主题予以彻底揭示，这都必须在草图阶段予以解决。现代报纸大都采用单黑、彩色两种形式印刷，色彩上始终要注意黑、白、灰和点、线、面的对比关系。

(3) 校对。这是广告设计至关重要的一个环节。当设计初稿完成时，一定要及时提供设计稿打印件给客户校对、审稿，每次校对、审稿后均要按审稿意见修改，并将修改后的打印稿与上次审查稿一并交客户再次校对。这其中要特别注意中文字和英文字母、电话号码的正误。

(4) 输出菲林。客户确认后，要再次检查设计稿，尺寸、颜色、文字等均确认无误后才输出菲林，并送报社编辑组版。

3. 报纸广告设计工艺要求

(1) 图片质量要求。报纸的纸质为较松软的转筒新闻纸，由于其印数巨大，因此用高速轮转机快速印刷。新闻纸的质地松软，对油墨的吸附力强，不适合表现细致的图片层次和色彩。因此，报纸图片的像素精度不如一般胶印要求高，但仍然必须清晰干净，反差合适，色彩鲜明。黑白和双色印刷版面的照片要求反差对比略大。报纸的印刷网线为80~120线，按“印刷图片分辨率=2×印刷网线”的公式计算，报纸的图片分辨率在160~240 dpi即可。

(2) 广告文字的要求。报纸的印刷速度很快，轮转机的颜色套印精度与平版胶印机相比也有一定的差距。因此，小号反阴文字设置为黑体字，避免了笔划断续的问题。

报纸广告图片的分辨率为160~240 dpi即可，太高的分辨率反而会造成图片印刷效果的模糊。

大号字体的颜色设置为单色，在背景色的衬托下很鲜明。

文字选择黑色，能避免叠印产生的套色不准问题。

图6-4　案例分析一（苏蕴芊设计）

大片的空白使图文十分突出。

图片在Photoshop中预先修改调整，分辨率要求达到160~240 dpi即可，反差要鲜明。

主告语选择粗黑体，引人注目。

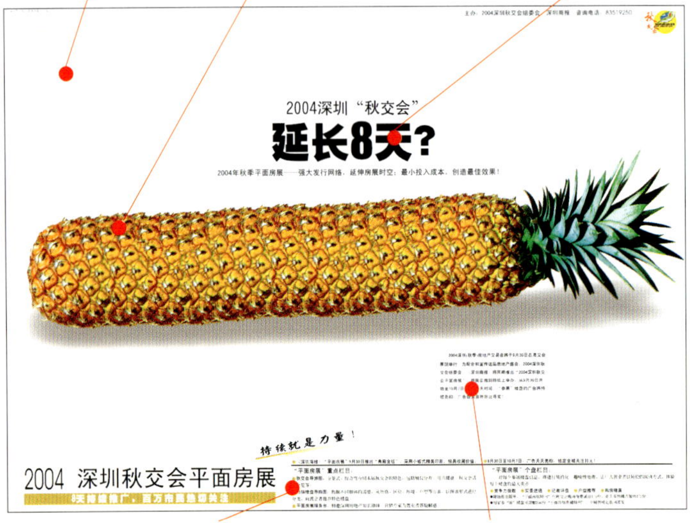

2004深圳“秋交会”

延长8天?

持续就是力量!

2004 深圳秋交会平面房展

底色采用同类色明度对比，视觉感柔和舒适。

小号字体选择单黑色印刷，简洁明快，无多色套印造成字体模糊的困扰。

图6-5　案例分析二（苏蕴芊设计）

报纸文字的色彩设置不宜过于复杂，以单色字设计在印刷中可避免套印不准、字体模糊的麻烦，特别是小字体，笔画较细，更应该使用单色（M、C、K）印刷。报纸版面大，图文信息量大，广告的文字适合使用字体字号不同的对比或大色块的对比方式，并形成清晰的视觉效果，这样才能使广告作品从纷繁庞杂的版面中脱颖而出。

（3）设计要点。报纸广告受到报纸出版时间的约束，设计时要注意设计节奏的掌握，不能拖拉，千万不要耽误报纸的出版时间。报纸广告设计工艺相对简单，由于是在报纸版面中拼版设计，设计稿的尺寸一定要准确，不能过大也不能过小。报纸广告设计不需要预留切口，按版面预定的尺寸设计即可。报纸的版面内容繁杂，消息众多，广告的内容一定要简洁明了，广告语要生动醒目，图形、图像要有创意，背景要与主体物对比强烈，图像的分辨率要合适。（见图6-4、图6-5）

4. 报纸广告的特点

报纸作为印刷广告的主要发布媒体之一，其特点大致有以下几点。

（1）政府形象的权威性。在我国，报纸是党和政府发布信息的重要渠道，有很高的权威性，在读者中一直保持着很高的信任度，这对广告的发布十分有利。报纸是以新闻为主体的内容。在许多新闻报道中，很多介绍新产品、新服务项目、新的社会生活趋势的文稿其实也起到了广告宣传的作用，更能引起读者的注意。

（2）广泛的传播面。相对电视和广播而言，其可保存与重复阅读的特点，以及可携带阅读的便利，使报纸广告信息的传播十分广泛。报纸分地方发行和全国发行两类。邮局系统发行的便利使报纸的读者分布全国城乡各地，只要具备基本阅读能力，各年龄层次的人都可能是报纸的长期读者。所以报纸中的广告可以被读者有选择性的收纳保存，这有利于信息的长期重复阅读。报纸以订阅发行为主，一经读者订阅，在一段时间内读者就会天天阅读，一些专业报纸和行业报纸在特定的读者群中其影响更是深入持久。

(3) 版面多，信息容量大，印刷质量高。现代报纸的杂志化趋势，使报纸版面几乎可以与杂志媲美，而版面的尺寸之大又是杂志无法比拟的。报纸的版面为系列广告提供了其他信息媒体无法抗衡的高效、质优、价廉的发布平台。随着社会经济的发展，印刷设备与技术的进步，报纸的全彩色印刷方式使报纸广告比以往任何时候都具有感染力。

(4) 信息发布的快捷迅速。由于新闻的时效性很强，刚刚发生的社会事件可能在极短的时间内就会刊登在报纸上，所以报纸的广告与新闻一样，时效性强、传播面广、可剪贴收藏。

二、手提包装袋的设计

在现代商业社会中，商品手提式包装袋是人们生活中不可或缺的物件。任何一个商店、购物中心，均提供商品包装袋盛放顾客购买的商品，很多企业和商业品牌都有专门设计的专属包装袋。在繁华的商业街上，各式颜色鲜明、造型多样的手提商业包装袋在人们的手中传播着各种商业信息，表明生活潮流的各个动向。在人们的生活中，手提式包装袋不但是装运物品的工具，而且也是显示个人生活品味、表明生活特质的象征物，包装袋的外在表现比袋中的实际内容更具有象征意义。

商业包装手提袋不但具有实用、方便的物品盛放和运输功能，而且也是企业形象宣传、商业广告信息传播的重要载体。包装袋是流动的广告牌，在很多商业会展和博览会中，手提式包装袋成为参展商们信息发布的重要途径。为了突出自己的品牌形象，有些参展商设计出超大的手提包装袋，以方便人们将别的商家派发的广告单张和小型包装袋都装入其中，在为人们提供方便的同时巧妙地扩大了自己企业的形象宣传效果。不少行政机构、事业单位也设计制作了手提式包装袋，将盛放文件材料、宣传资料的功能予以扩展，突出了单位或企业的形象；不少大型会议也设计有专用的手提包装袋。目前，包装袋已成为流动的宣传栏。

在很多商业包装设计中，手提式包装袋已经构成外包装的一部分，其结构、形状、大小、材质和内容物的结合已构成系统包装系列的组成部分。好的包装袋设计在具有一般包装物的意义上有着相应的文化内涵，超越了包装的功能，并具备了购物纪念的价值，甚至是一件值得收藏的美轮美奂的艺术品。

对设计师而言，包装袋的设计是展示创意、表现设计才能的机会，他们可以大胆、自由地发挥各自的想象空间。手提包装袋是一个企业广告的延伸，是比运用杂志、电视、广告牌、商业广告传单等方法更好、更廉价的广告形式。

1. 设计构思

客户委托设计师设计制作手提式包装袋，往往有不同的用途。因其使用目的不同，包装袋的形状、尺寸、结构、材质等也有差异，设计师在设计之前除了要与客户深入探讨之外，也要考虑各方面因素。

(1) 尺寸的选择。手提式包装袋其实是某一产品的外部包装方式，通常是与具体产品的包装构成系列组合。如月饼的专用包装袋，与月饼盒的外形尺寸就要吻合，某些品牌酒类的专用包装手提纸袋也被设计成容纳长形包装盒的样式。一些在特定场合使用的纸质手提袋，尺寸大小也会有特殊的要求，如某些展会上供装载资料的手提纸袋，会设计得十分庞大，可以装入好几个一般规格尺寸的手提袋，起到“包容其他、独露尊容”的广告效果。用于化妆品和首饰盒盛放的手提纸袋，往往小巧精致，宛如一件可人的装饰物，有浓郁的女性专用品特质。

(2) 材质的选择。手提包装袋大小有别，用途不同，在结构和材质的选择上也有各自的特点。如牛仔服装品牌的手提纸袋，很多都选用牛皮纸设计制作，提手有的使用较粗的纸质绳索，或者选用麻绳作提手，显示出特别的自然、粗犷的风格，很好地烘托出特定服装的自然特征；一些女性服装、用品的包装纸袋，使用特别的纸张印刷制作，给人舒适的手感和视觉享受；用于盛载较重物体的手提包装袋，会用较厚的纸张印刷，为了加固纸张的承重力，纸袋的表面还会进行覆膜处理。覆膜后的印刷品，不利于废物的回收处理，也不利于环保。

手提包装袋的大小尺寸和材质选择会影响到制作成本的预算，设计师要将这些因素都纳入其设计构思的范围。

2. 设计步骤

项目内容：

(1) 企业视觉识别系统应用项目之一，手提纸袋设计；

(2) 成品尺寸为：高225 mm×宽310 mm×边宽60 mm；

(3) 250 g铜版纸印刷，覆哑膜。

手提包装纸袋分正反两面（两面均可互为正反），主要设计部位就在这两面上。在草图中可以设计出对比的效果，从色彩和字体上产生变化，但要注意整体风格的一致；根据需要设计图形或者选择适合的图片，分别在图形软件和图像处理软件中进行制作。（见图6-6）

选择照片，在Photoshop中修改，按设计需要进行尺寸裁剪调整，保存备用。

(1) 打开CorelDraw软件，建立一个新文件，将文件版面模式选择为横式，在命令条的长宽尺寸中输入版面需要

图6-6 成品手提纸袋展开图

的参数，要大于纸袋展开图的大小，用矩形工具画出一矩形，按展开图的大小加上四边需要预留的出血位。纸袋的出血位要比一般印刷品留得宽些，因为纸袋的连接部位为胶水粘贴，要预留较宽的粘贴位才能连接牢固，本款纸袋设计预留的粘贴位为10 mm。（见图6-7）

设定辅助线，确定出血位置，使用直线工具在四角加上角线，将折位标示，在相应的位置上放上折位线。角线是成品印刷后用来裁去毛边的定位线，折位线是确定折叠位置的定位线。这两种定位线将随四色版一起分别依此印刷，也是印刷中用来套准色版的规矩线。因此，定位线不能太粗，使用计算机默认值即可。定位线一定要设置为M100、Y100、C100、K100，才能随同四色版一起印刷出来。（见图6-8、图6-9）

（2）导入预先修改好的图片，拖放至版面大小。将矩形填充颜色，设定颜色值。（见图6-10）

（3）导入图形文件，输入文字，将文字和图形摆放在合适的位置。手提纸袋的侧面一般用来设计单位地址、电话、网址等详细资料，要注意资料的准确性。各部分的文字大小和颜色都要注意整体效果，在文字的排列组合中，找到视觉的节奏美感。（见图6-11）

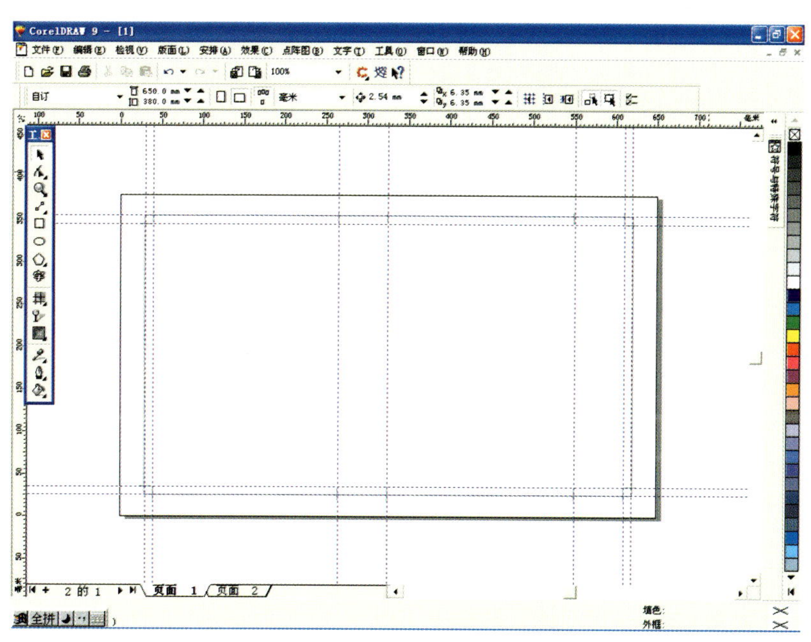

图6-7 版面各部位尺寸的设定

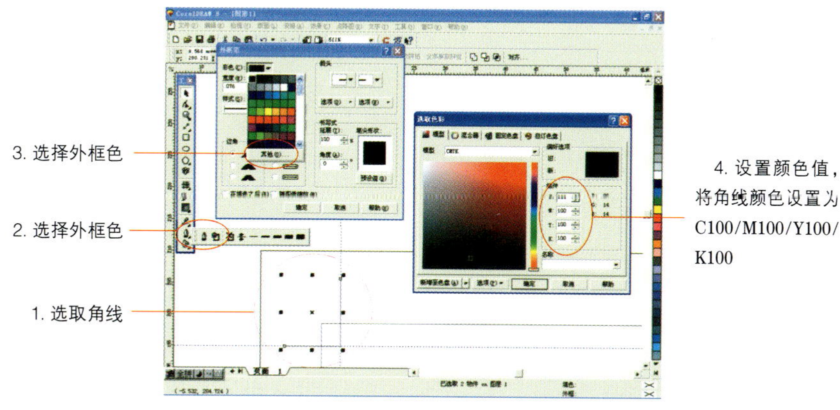

图6-8 四色角线设置示意图

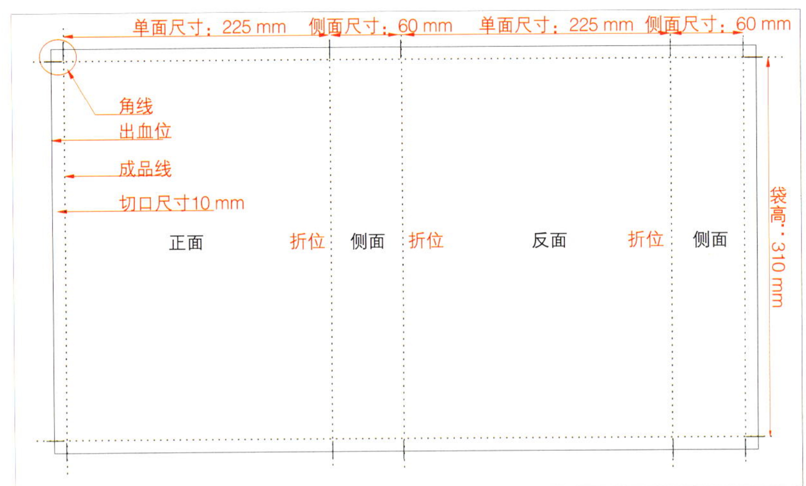

图6-9 纸袋各部位尺寸示意图

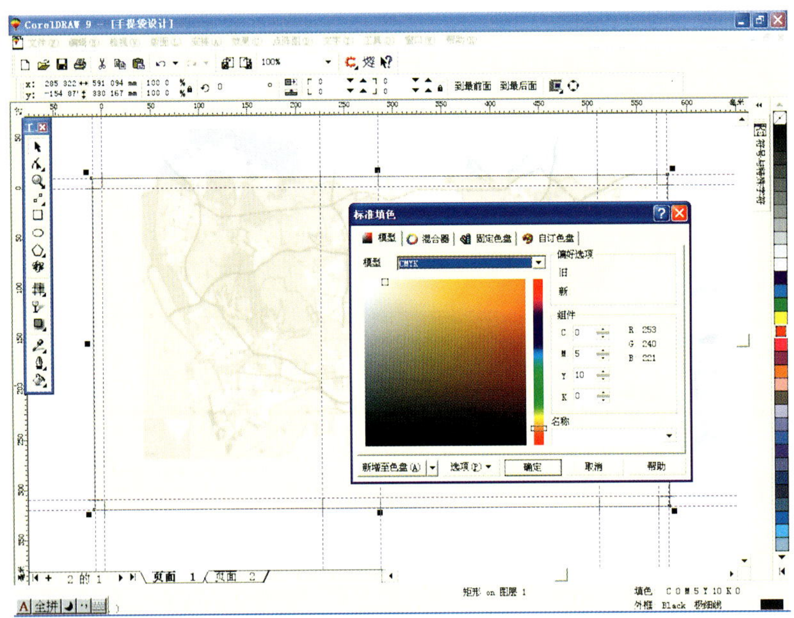

图6-10 设定颜色

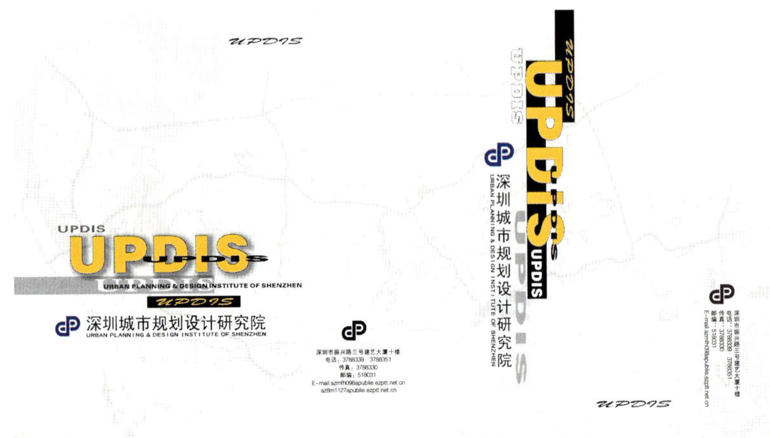

图6-11 文字编排设计

(4) 当设计基本完成后，仔细检查文字和尺寸细节的准确性，然后将文件保存。原大打印设计稿，可以选择数码打印或喷墨打印。原大打印的意义在于检查文字的大小和位置，检查设计尺寸是否准确。计算机屏幕上看到的字体大小与实际印刷尺寸会有很大的差别，只有原大打印才能避免字体过大或过小的失误。所以，原大打印对于初学者来说十分重要。

(5) 将打印件按设计的手提袋款式粘贴，再次检查设计中可能出现的尺寸问题，检查无误后，将打印件和粘贴模拟效果手提袋交客户校对、签字。校对和改正的过程可能会有多次反复，这时设计师一定要有耐心，因为这是设计过程中常见的现象，耐心是设计师的基本专业素质。

(6) 当客户的修改意见都已改正完毕，要求客户在最后打样上签字确认，然后，将设计文件送专业输出中心输出四色胶片，在胶片输出后还有最后的一次检查机会，就是传统的印刷打样。印刷打样也是在大批量产品正式印刷前，客户校对文字和完善其他细节的最后机会。如果在此过程发现错误，还可以修改；如果是文字错误，可以重出一张黑色胶片；如果错误需要较大修改，可以将已出胶片废除，修改后重新输出，毕竟一套菲林的价格比大批量印刷后再发现错误的损失要小很多。

(7) 付印，按设计的要求将印刷品进行印后加工。按合同的规定，由客户自提货物或送达约好的指定地点。

(8) 与相关方面及客户结算所有费用，完成全部设计工作。(见图6-12)

三、书籍装帧的设计

1. 概述

书籍是印刷术发明以来，人类传播知识、延续文明、记录历史的最好媒介，是现代社会传递和保存信息不可缺少的载体。计算机的普及、通信的进步和网络的发展为人们提供了更多、更快捷、更便利的信息传输服务，但书籍在文化传播过程中发挥的作用仍不可替代。现代科技的进步为人们生活带来多样化选择的同时，也促进了现代印刷品质量的提高和数量的增长；经济全球化趋势使新信息、新知识快速传播，使出版物的流通和传播超越了以往流通的局限，观众审美水平的提高和发行市场的变化也使出版者越来越关注书籍出版的质量和外部装帧，从而使购书中心书架上的图书外貌越来越具有吸引力。计算机辅助设计和印刷技术的持续进步使新书不断出版，出版物的数量和质量都达到了空前的高峰。书籍作为记录人类社会生活的载体，在人

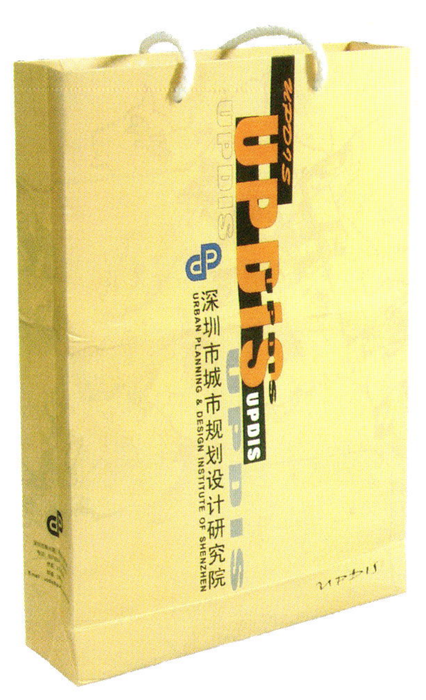

图6-12 手提纸袋成品

类社会的历史长河中发挥着独特的作用。

书籍由文字构成，文字的发展过程也是人类摆脱愚昧的过程。印刷技术由古代的木版雕刻、活字印刷进化到现代印刷形式，文字、图片、装帧设计、印刷技术、物料、印后加工技术构成了书籍出版的系统整体。现代书籍在文化传播的过程中不但承担着重要的信息载体的作用，还具有其独立的审美价值。当人们在选购书籍时，在注重内容质量的同时也比以往更加注重书籍的装帧质量。

书籍装帧设计包括整体设计和综合设计两方面。整体设计是指书籍形态、结构、印刷材料、印后加工工艺等艺术和技术结合的设计，需要制订严密的设计方案，使艺术设计构思与印刷工艺有机结合，并在设计师与印刷工厂制版、印刷、装订等各个环节的协同合作下，形成图书成品，这才是完整的装帧艺术。狭义的装帧概念仅指开本、封面、护封、装订形式等书籍外观方面的设计，更多的是指封面设计。

封面是书籍展现给观众欣赏的面孔，是观众对书籍产生第一印象的关键因素之一。“人靠衣装，佛靠金装”正说明了这一个很浅显的道理。外表的装饰对内在质量的提升有着至关重要的作用。封面设计就是书籍的外衣，是书籍出版不可忽视的重要环节。书籍封面设计也要适度，不能过分渲染，也不能平平淡淡，其风格要与书籍的内容吻合，使读者在第一次接触书籍时，就能通过封面设计对内容有大致的了解。在众多的书籍陈列中，设计精巧、色彩协调、图形新颖、书名突出的书籍封面总能首先进入读者的视野。

书籍封面有平装、精装之分。平装书的封面兼顾对书籍内容的宣传和对书籍本身保护的双层功能；精装书封面一般外有护封，护封和封面都起着对书籍宣传的广告作用，但护封的宣传作用要大于封面，而封面对书籍的保护作用更明显。

在书籍封面的设计中，材料的质感通常会给读者很深的印象。质感的形成可以是印刷封面材料本身的纹理结构，也可以是印后加工覆膜、过胶、压痕所形成的特殊效果。书籍封面的纸张选择也会赋予封面以至整本书籍不同于其他的视觉效果，提高书籍的收藏价值。有时在一些特别高档的精装本书籍设计中，设计师甚至用羊皮作为封面装帧的材料，这从外观上就表现出了该书不同一般的特殊价值。

在封面设计中，色彩和图形是揭示书籍内容的重要视觉根据，图形往往与书籍的内容密切相关。设计师要理解书籍的主要内容，用图形、字体、色彩来向每一个可能的读者介绍和推荐被设计的书籍。（见图6-13）

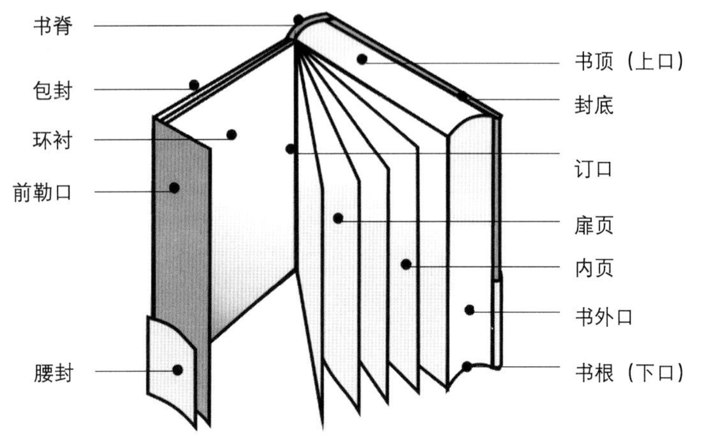

图6-13 图书的各部分名称图

2. 书籍封面设计实例

设计内容

书名：《企业质量管理及实施ISO 9000族标准实务》

字数：310 000

印张：13.875（书脊厚度：约17 mm）

开本：850 mm×1168 mm　1/32（140 mm×203 mm）

封面：250克铜版纸四色印刷，覆哑膜，书名和书脊中ISO 9000字样印光油（UV），需设计专色版。（见图6-14）

（1）选择图片，在Photoshop中打开修改，按设计要求虚边，修改后的图片以PSD格式（保留透明底色）、CMYK模式（印刷模式）保存在以书名命名的文件夹内。

（2）打开CorelDraw软件，新开一个文件，取名为“封面版面设计”。封面设计版面是封面和封底的展开图，封面在版面的右边，书脊在中间，左边是封底。设置封面版面尺寸时，版面尺寸的宽是封面、封底、书脊和左、右切口的总和(如果书籍有勒口，还得加上勒口的尺寸)，高是书籍开本的固定尺寸加上下切口的总和。

以本设计封面项目为例：

版面宽303 mm=封面宽140 mm+封底宽140 mm+书脊宽17 mm+左切口3 mm+右切口3 mm

图6-14　书籍封面设计成品样稿

版面高209 mm=32开书开本高203 mm+上切口3 mm+下切口3 mm（见图6-15）

按各设计部分的尺寸，设置辅助线，在辅助线的帮助下，设置角线和折位线，角线和折位线一定要设置为四色100，否则在印刷中无法印出。（见图6-16）

(3) 用矩形工具画出一方形，填充黑100，黑底色为四边出血设计，因此，黑色的范围要超出版面的成品线3 mm，预留出血位。导入预先修改好的图片，将图片放在合适的预定位置。（见图6-17）

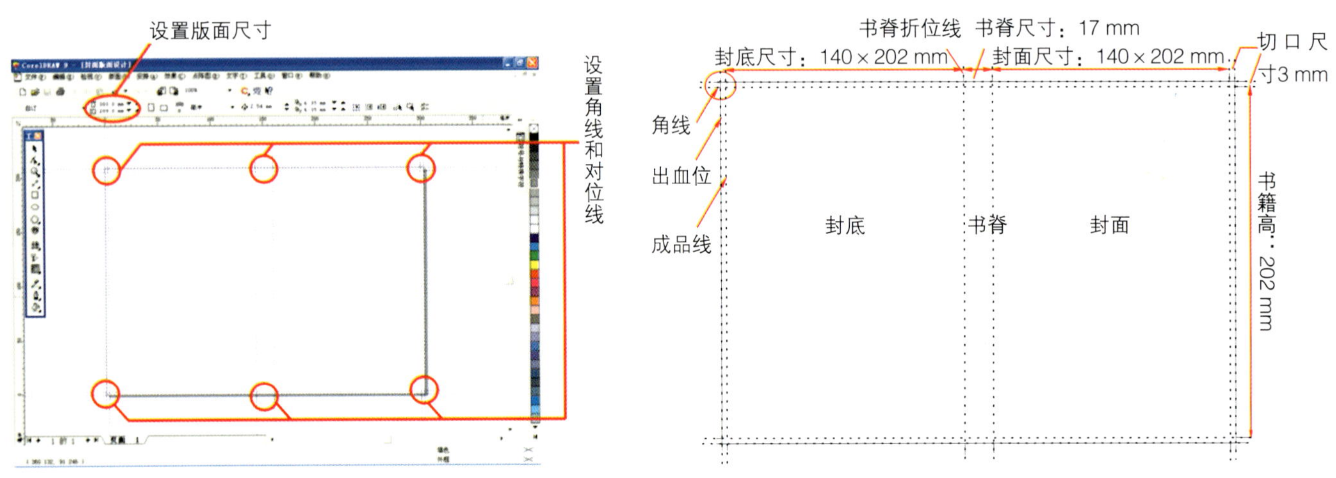

图6-15 版面尺寸设置示意图

图6-16 封面版面各部分名称图

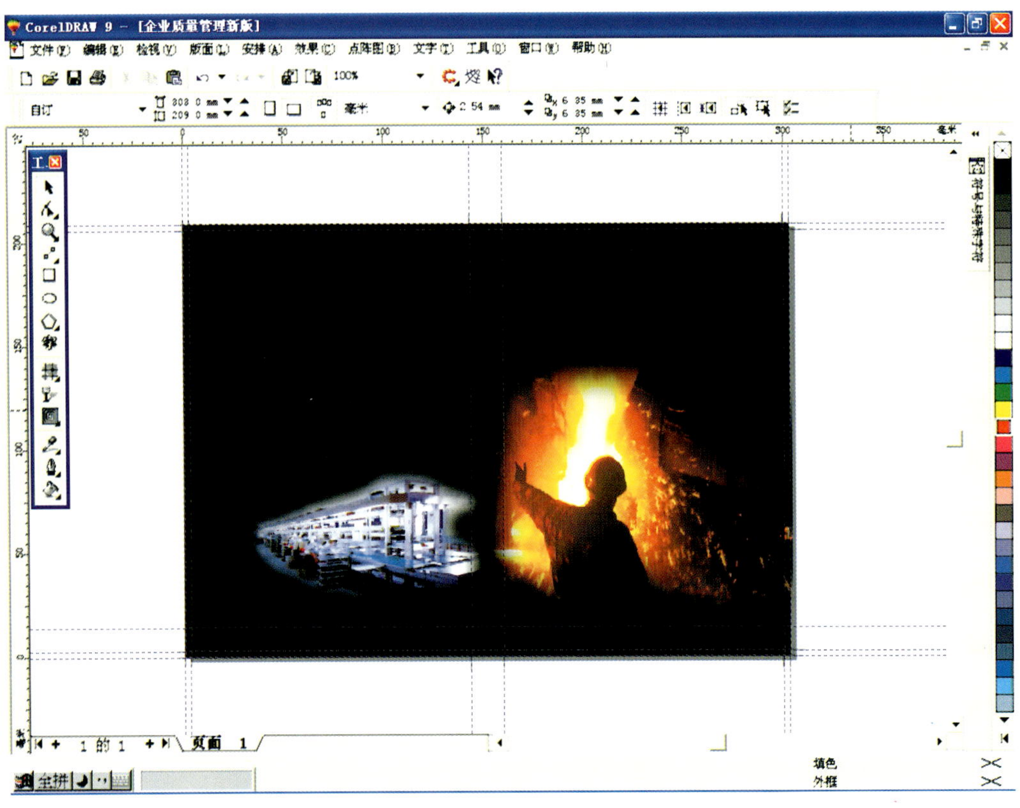

图6-17 封面图设计安排

（4）输入文字，设置文字大小。封面字的大小要注意与图片的比例关系，书脊文字可以适当拉长，与书脊的比例达到均衡，图书立放在书架上时，露出的部分可能只有书脊。因此，书脊在设计中也是仅次于封面的重要部分。版面中各部分文字的大小比例和字体选择是构成封面设计骨架的基础，在很多优秀的封面设计作品中，仅仅文字的设计就可以构成完整的设计作品。字体可以调整大小和宽窄尺寸，封底小字因为是反白字，不能使用笔画过细的字体，以选择黑体字为宜。（见图6-18）

（5）绘制装饰性色块，调整色彩关系，能增加版面的生动性，使版面丰富起来。（见图6-19）

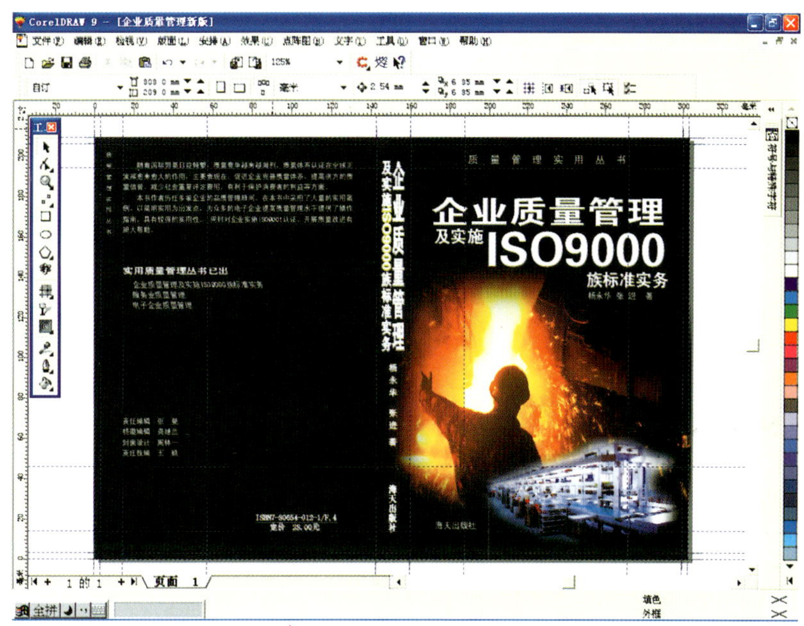

图6-18　文字输入和位置设定

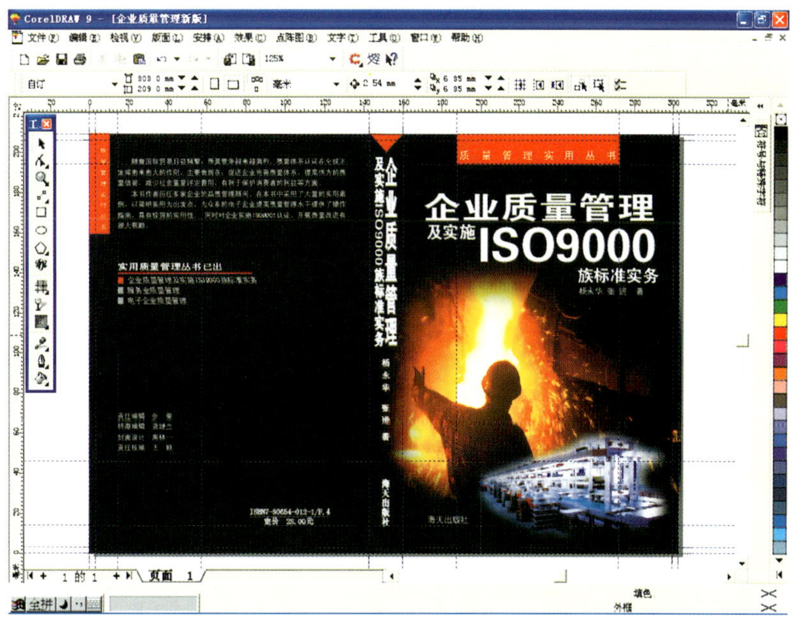

图6-19　设置装饰性色块

(6) 使用圆形工具和直线工具完成图形的绘制。一个象征性的图形，能表明书籍隐含的内容。(见图6-20)

(7) 调整封面、书脊字体的颜色和装饰效果，以增加艺术感染力。(见图6-21)

将要设计的字体设置为白色，加边框，边框线粗为2.54 mm，边框颜色为黄色。(见图6-22至图6-26)

(8) 使用矩形工具，画出一矩形，填充白色，输入条形码，条形码的位置在封底左下角，距左边10 mm，距下边15 mm。(见图6-27至图6-30)

(9) ISO 9000文字专色版设计。专色版是在正规印刷四色版的基础上增加的一个色版，用来套印四色印刷所不能反映的颜色和特殊效果。比如凹凸文字、特殊图案效果、金银色印刷效果、局部光油印刷效果、模切开孔效果等，都需要制作专门的专色版。专色版与四色版大小一样，规线的位置也一样，在印刷中必须依据相同的规线对准，才能保

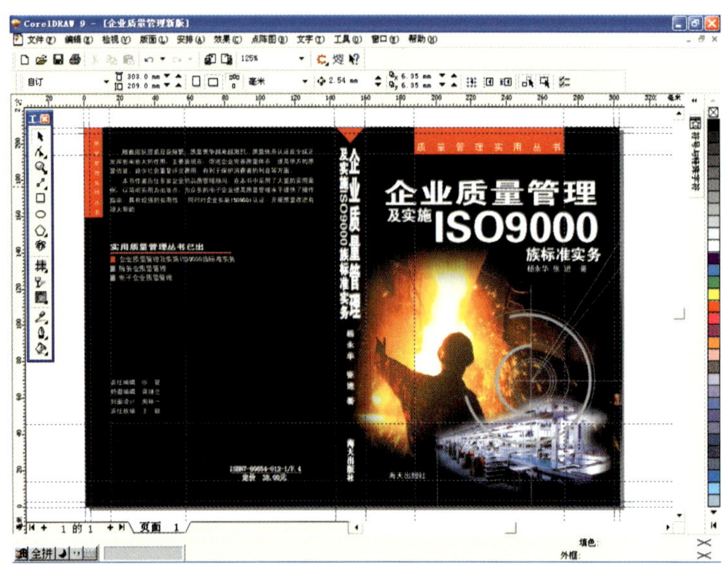

图6-20 逐步完善封面设计的细节

图6-21 字体艺术效果设计示意

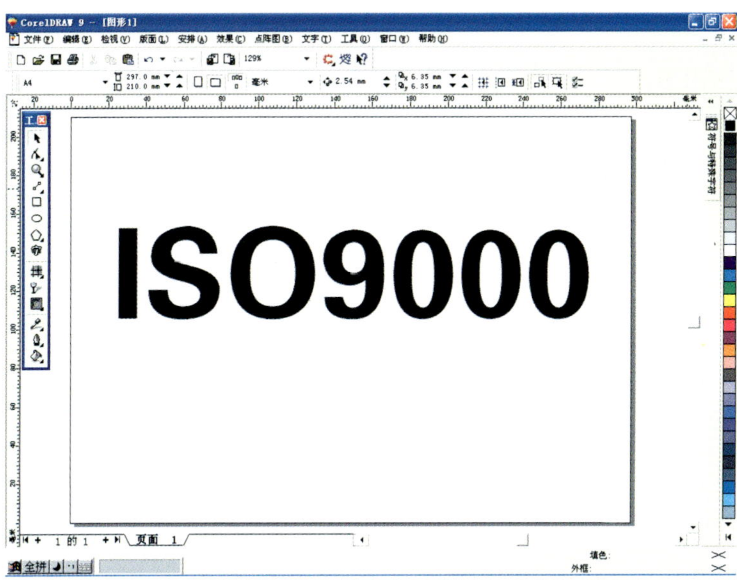

图6-22 字体色彩设置（一）

ISO9000

图6-23 字体色彩设置（二）

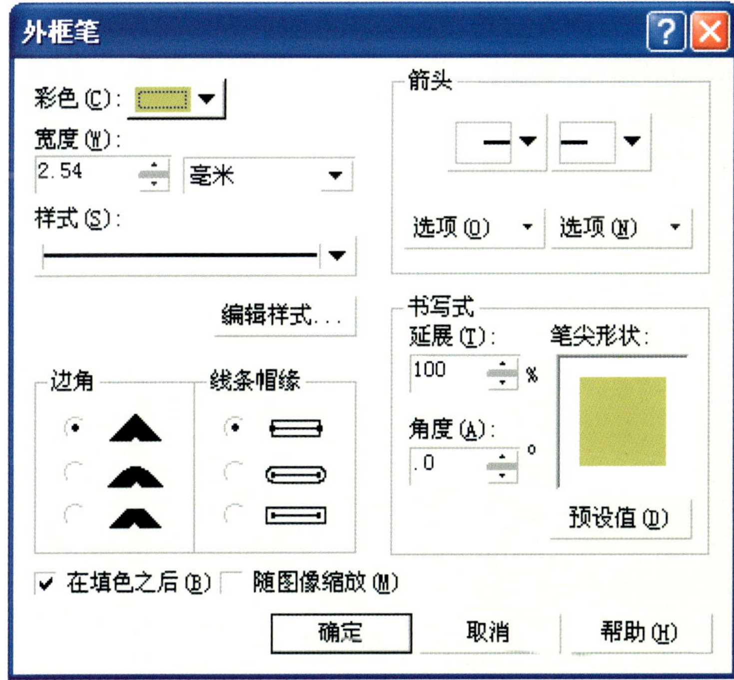

图6-24 字体色彩设置（三）

ISO9000

图6-25 字体色彩设置（四）

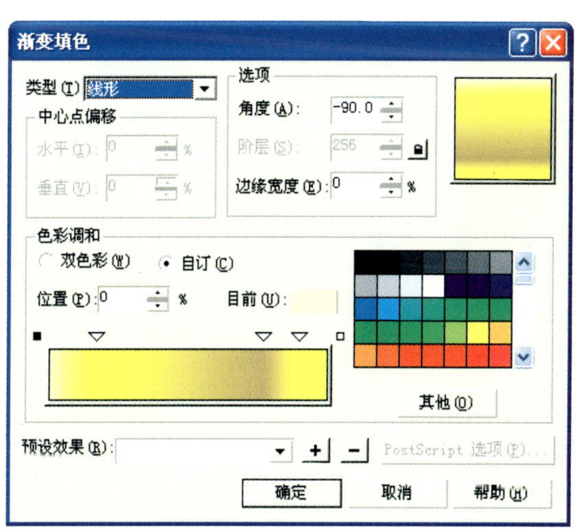

图6-26 字体色彩设置（五）

以渐变色填充字体，形成金属光泽效果。

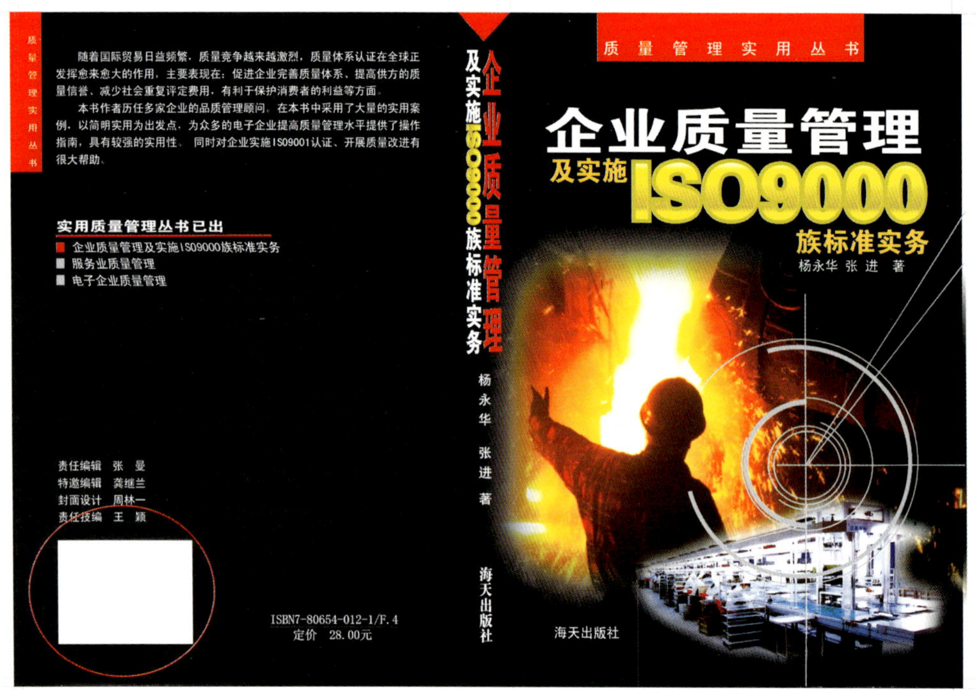

图6-27 条形码制作步骤（一）

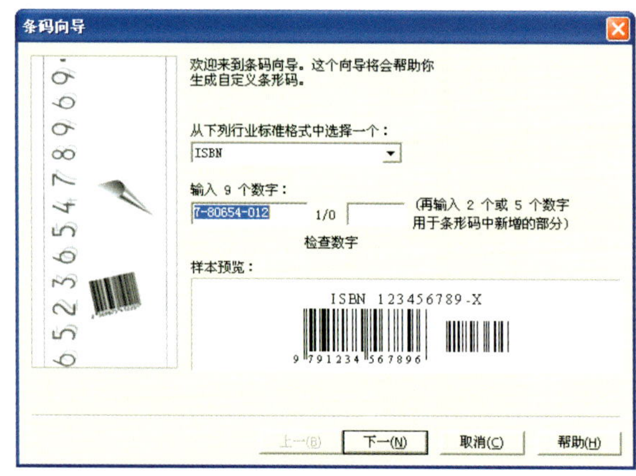

图6-28 条形码制作步骤（二）

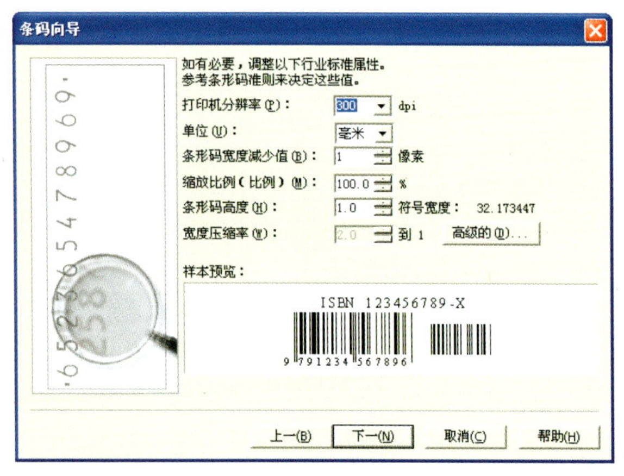

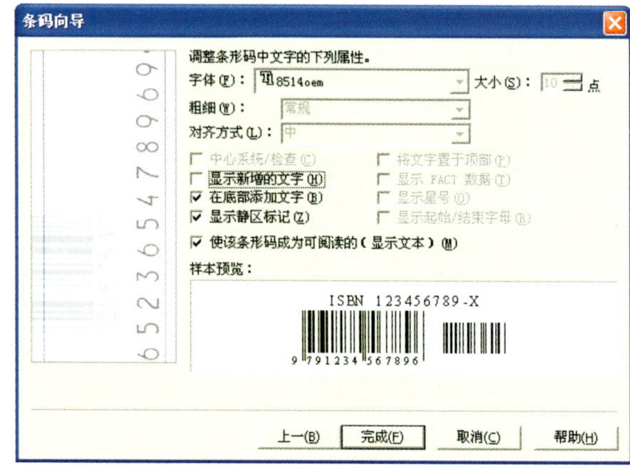

图6-29 条形码制作步骤（三）

图6-30 条形码制作步骤（四）

证印刷和制作的精确。专色版的设计一般用K100实填色，不需要在输出胶片时加网。(见图6-31)

(10) 封面设计完成后，要先打印一份1：1大小的打印样，仔细检查字体的大小和位置，校对文字的准确性。应该打印彩色样提交给客户审查和校对，如发现问题及时修改。当设计稿完成后，文字经过检查没有错误，可以将文字转为曲线，以免输出时由于输出胶片的计算机没有相应字库等原因，而发生字体改变。同时，设计稿要保存一份备份文件，以备各种意外情况发生。(见图6-32)

(11) 设计师将经客户签字认可的封面设计文件提交给专业输出公司输出，输出的菲林需要再次进行打样，确认色彩和文字是否如设计要求的一样。如没有意外情况，设计师可以将封面菲林和印刷打样作为设计完成稿移交客户，或者开始批量印刷，与书籍内页装订成册。

图6-31　书名专色版设计

图6-32　设计完成图

设计作业

1．按一幅实际报纸广告版面大小设计一幅报纸广告作品，要求符合印刷要求和有较好的艺术设计效果，成品打印后能与原有报纸版面拼版组合。

2．设计一款手提包装袋，要注意工艺要求和设计水准，原大打印折叠成型。

3．模拟设计一本平装书籍封面。可以找一本已出版的书籍重新设计，成品要求打印，并和原书组合在一起进行检查。

4．所有作业均要提交电子文件，以检查图片的分辨率和色彩模式等印刷技术指标。

附 录 A

一、名词解释

1. 原稿

指印刷复制的基础文件，一般分为图像和文字两大类。

2. 透射稿

指原稿中的透明片基图像文件，一般指光学摄影正片（幻灯片）和负片，扫描输入时光线从文件背面透射扫描。

3. 反射稿

指原稿中的非透明文件。如照片、绘画作品原件、书法手稿原件、印刷图片等，文件输入时光线从文件正面投射反射扫描。

4. 像素

指构成图像的基本元素。通过图像分解，由这种图像单元与空白的对比再现连续调效果。数字图像中的某一像素所代表的是原稿中的部分信息，大小均取决于图像的分辨率。

5. 分辨率

图片的分辨率有三种含义：扫描分辨率、显示分辨率和输出分辨率。图像的分辨率越高，图像的细节就越丰富，色彩层次就越细腻。图像的分辨率由输入设备（扫描仪、数码照相机）决定，图像处理软件（Photoshop）可以修改图像的分辨率，但不能通过提高原始文件的分辨率而达到图像清晰的效果。过大的扩大图像文件和使用低分辨率的输出设备输出图像，会使图片模糊，边缘出现锯齿现象。

6. 网线数

指1英寸面积内印刷网线的密度。印刷复制通过网线来表现原稿的阶调层次变化，印刷方式的不同和承印纸张的差别就必须选用不同的网线密度。网点线数愈高，表示图像的基本单元愈小，即单位面积内容纳的网点个数愈多，阶调再现性愈好，图像层次表达得愈丰富细腻；反之，表现层次能力就差。

7. 电子分色

电子分色是印刷专业的专有名词，指电子扫描原稿，将影像原稿(正片、负片等透射稿，照片、手绘稿等反射稿)通过电子分色机扫描分为RGB三色或CMYK四色数字图像，用于计算机编辑。

8. 补漏白

指分色制版时为避免出现颜色之间的可能白边，将色彩边缘交接范围稍稍扩大，以减少印刷中出现的色版套印不准的影响。

9. 出片

指用电子文件输出菲林片的过程。

10. 菲林片

指透明片基的感光胶片。将设计好的版面文档通过照排机转移到菲林片上，这是专门用于晒制印刷用PS版的图文信息转移材料。菲林片比PS版要易于保存，在若干时间后，需要重印某一出版物时，可以将其菲林重新晒版印刷。

11. CTP计算机直接制版

指计算机的直接制版技术，简称CTP。计算机技术的发展，使印刷制版技术突破了传统的输出菲林晒版的工艺局限，不仅可由扫描原稿直接输出印刷PS版，还实现了计算机出版系统与印刷机直接接口，能从原稿到印刷一步完成。它是目前印前领域发展最快、影响最大的高新技术之一。

12. PS版

指印刷用的预涂感光材料的金属薄版。菲林软片的图文信息通过晒版机转移到PS版上，再通过印刷机将PS版上的资料印刷至承印物上，完成印刷过程。

13. 版式

指给出版物设计的编排格式。在正式设计前，一般先要做一个版式本，用于大致安排文图的摆放位置，计算出版物的页码和规模。

14. 跨页

将文图扩大至相对应的两个页面的叫跨页。这种形式一般用于大幅照片的版面设计和杂志页面的版面设计，能使图文版面开阔舒展。

15. 齐头

是一种版面文字编排的格式指令。通常以字首为基准线，延伸到拼版、装订，指以版头位为基准。

16. 散尾

文字排版的指令之一。用这种方式排好的版只要求行距、字距的一致，而不求行末文字齐整。

17. 反白

在版面设计中，为了使图文更加醒目清晰，通常会将图文在深色的底色上进行反白处理，以增强图文与底色的对比效果，也称为反阴。

18. 出血

这是一种满版的设计。就是在版面设计中，将图片或底色放大至版面的边框之外，打破版面的边框局限，使版面具有吸引读者注意的视觉效果。出血位一般在版面边界外要再预留3mm，以避免出版物在装订裁切时出现白边。

19. 褪底

指图片的修改方式。将图像去除背景，保留主体物图像，使主体更加突出、鲜明。

20. 裁切线

也叫规矩线，是印刷在版面周边用于指示裁切部位和保证各色印版对准的线条。裁切线（规矩线）在版面设计时一定要设置成四色线条，确保在输出时能出现在四色菲林的每张菲林片上。输出菲林的软件一般都能在标准版面上设置标准的四色规矩线，但特殊的版面设计可能会需要设计师来人工设置。

21. 1P

指16开纸张一面。印刷界和平面设计界通常以P（page）作为印刷品页码计量单位。

22. CMYK

青（C）、品红（M）、黄（Y）、黑（K）是印刷油墨的基本颜色。原稿的所有颜色层次均可以通过印版的网点在这四种颜色的组合下得到重现。

23. 专色

指四色(青C、品红M、黄Y、黑K)之外的特别色，如金色、银色、荧光色等。

24. 实地色

指没有网点的色块面积。通常指满版底色，如出版物封面、封底的底色设计。

25. 打样

出版物正式大批量印刷前，必须先在专门的打样机上用将要正式印刷的纸张预先印刷样张，检验制版质量和最后校对图文信息，也为正式印刷提供样本参照。

26. 克数

它是纸张定量的一种表示法。纸张定量是指单位面积的纸张所具有的质量，一般以每平方米面积的纸张重多少克（g / m^2)表示，是计量纸张厚度和质量的重要指标。如80克胶版纸、175克铜版纸、210克铜版纸等。定量在250 g / m^2以下者叫做纸张，定量在250 g / m^2以上者叫做纸板。

27. 令

表示纸张质量的计量单位，通常是指机制纸的计量单位。令指每500张纸的总质量，一令就是500张全张纸。

28. 全开、对开

指纸的面积单位。全开纸指印刷用的整张未经裁切的纸张，有多种规格，我国图书常用纸张有正度纸和大度纸之分，正度纸的尺寸为：787 mm×1092 mm；大度纸的尺寸为：850 mm×1168 mm。对开是指将全开纸从中裁一刀。

29. 撞网

又称龟纹，指由于网纹角度出现问题，在四色加网套印时出现两种或两种以上颜色的重叠。

30. 页码、暗码

装订成册的书刊的每一小张称为一页或页张，而每一页的正反两面分为两个页码。页码是书籍页面的顺序编码。在版面上有时因为版面美观的需要而没有印出页码，但实际上又占有页码位置的叫暗码。

31. 印数

指图书或其他印刷品出版所印的数量。

32. 印张

指计算出版物所用纸张数量的计量单位，以单张对开纸正反两面印制为一个印张。

33. 开本

表示书刊幅面大小的名称，也叫书刊的开度。开本的计算是以标准幅面的纸定为全张纸，把全张纸裁切成1 / 2、

1／4、1／8、1／16、1／32、1／64等，分别称它们为对开、4开、8开、16开、32开、64开等。其中16开、32开是书刊常用的开本形式。

34. 封面

又叫做书皮，是书心的外衣。平装本的书皮叫做封皮，精装本的书皮用板纸制成，故叫做书壳。

35. 护封

也叫包封或护书纸，是加在封皮外面的另一张外封皮，一般多用于精装本。

36. 勒口、飘口

即包封或平装封面、封底向左右延长的部分叫做勒口；精装书长于书心的部分叫做飘口。护封前后都有勒口，使护封可包在书本的封皮上；勒口多用来刊印书的内容简介或作者简介、书籍广告。有的勒口为空白，有的在前勒口上印有内容提要或作者小传，或责任编辑、装帧设计者的姓名(也有将此印在后勒口上)。

37. 书脊

指书的脊背，它连接书的封面与封底，内容包括书名、作者、出版机构。精装本书脊的设计可采用烫金、压纹等工艺处理。

38. 衬页和环衬页

衬页是指在封二与扉页之间、封三与正文之间的单张空白页，前者叫做前衬页，后者叫做后衬页。环衬页又叫做连环衬页，是分别用两张连接的衬页粘贴在封二与扉页之间或正文与封三之间，前者叫前环衬，后者叫后环衬。

39. 扉页

顾名思义，“扉”即小门，在封面或环衬的后面，正文的前一页，起补充封面的作用，内容比封面更详细。内容包括书名、副题、著译者名字、出版机构、出版地点、出版时间等。

40. 版权页

指记载出版物作者、出版单位、印数、开本尺寸、出版日期、出版编号等信息资料的页面。

41. 版心

指每一页版面从上到下、从左到右所占的位置，也就是每页版面容纳的字数所占的总面积。

42. 天头、地脚

指版心上下留出的空白处，上面叫做天头，下面叫做地脚。中国古装本书、线装书天头大地脚小，西式书上下左右基本相等。

43. 书眉

指印在版心以外的书名、篇名，目的是便于读者翻阅查找。

44. 切口

切口指的是书籍除订口之外的三个边，这三个边，相对于毛边来说，是要加工切齐的。上边的切口，叫做“上切口”，也叫“天头”；下边的切口，叫做“下切口”，也叫“书根”“地脚”；和书脊相对的切口，叫“翻口”。

45. 序、前言

序和前言统称“序言”，是置于正文前的独立文章。习惯上序多用于学术价值、文化内涵较高的作品，前言多用于教材和演绎作品。序与前言一般说明本书的创作意图、基本内容、编撰体例和读者对象等。

46. 跋、后记

跋、后记是放在书末的说明性文字。或补充序与前言之不足，或对稿件完成后的新情况加以说明，或对他人在写作过程中给予的帮助致以谢意等。

二、印刷设计常用数据

1. 文字字号、点数的换算

点数制是国际铅字计量制，英文称“Point”，书写时如新4号就写成“12 P”，新5号就写成“9 P”。因此，人们口头上也就称之为“12磅”“9磅”了。

1 P (点)＝0.35 mm

1英寸＝72 P

1英寸＝25.4 mm

照排字的计量单位为级(K)。

1 K＝0.25 mm

1 K＝0.714 P

1 P＝1.4 K

级数、号数、点数的换算如表A-1所示。

表A-1　级数、号数、点数对照表

级数/K	号　数	点数/P	尺寸/mm	级数/K	号　数	点数/P	尺寸/mm
7			1.75	18			4.50
	7号	6.00	1.8375		4号	13.75	4.8125
8			2.00	20			5.00
9			2.25		3号	16.00	5.5125
10			2.50	24			6.00
11			2.75	28			7.00
	6号	7.875	2.756		2号	21.00	7.35
12			3.00	32			8.00
	小5号	9.00	3.15	38			9.50
13			3.25		1号	27.50	9.625
14			3.50	44			11.00
		10.50	3.675	50			12.50
15	5号		3.75	56			14.00
			4.00		初号	42.00	14.70
		12.00	4.20	62			15.50
	小4号						

2. 常见图书开本版心尺寸及行距（见表A-2）

表A-2 常见图书开本版心尺寸及行距

用纸尺寸/mm	开本	成品尺寸/mm	字号	字数×行数	行距/P	版心尺寸/mm	适用书籍种类
787×1092	16	185×260	5	39×37	6	143×213	普通图书
	16	185×260	5	39×39	5.25	143×214	科技图书
	16	185×260	小5	45×39	6.75	144×214	科普读物
	16	185×260	小5	49×41	6	157×215	普通刊物
	16	185×260	小5	48×46	4.5	155×220	工具书 科技刊物
	16	185×260	小5	51×56	3	161×232	辞书
	32	130×185	小4	23×22	6	96×138	青少年读物及老年人读物
	32	130×185	5	26×24	6.5	96×143	重点图书
	32	130×185	5	26×26	6	96×147	政治、文艺书
	32	130×185	5	27×27	5.25	96×147	普通图书
	32	130×185	小5	29×29	5.25	92×144	科普读物
	32	130×185	小5	32×32	4.5	102×153	工具书
	64	92×128	5	19×19	5.25	70×102	普通图书
	64	92×128	小5	20×19	5.25	63×94	普通图书
	64	92×128	小5	22×21	4.5	70×100	小型工具书
850×1168	32	140×203	小4	24×24	7	102×162	青少年读物及老年人读物
	32	140×203	小4	24×25	6	101×156	青少年读物及老年人读物
	32	140×203	5	27×25	7.5	100×155	青少年读物
	32	140×203	5	27×27	6.25	100×155	文艺、理论书
	32	140×203	5	27×27	6	100×155	文艺、理论书
	32	140×203	5	27×28	5.25	100×153	普通图书
	32	140×203	5	28×28	6	103×162	普通图书
	32	140×203	5	29×29	5.25	106×158	科技类图书
	32	140×203	小5	33×35	4.5	105×165	工具书
	32	140×203	小5	37×36	3	104×152	辞书
	64	102×139	5	20×19	5.25	73×103	普通图书
	64	102×139	小5	23×22	4.5	73×103	一般图书
	64	102×139	小5	26×25	4.5	82×112	工具书
	64	102×139	6	30×28	4	83×115	工具书

3. 常见期刊开本版心尺寸及行距（见表A-3）

表A-3 常见期刊开本版心尺寸及行距

用纸尺寸/mm	开本	成品尺寸/mm	版心尺寸/mm	字号	行距/P	排书眉或排脚码	栏别	每面行数	每行字数	每面字数
787×1092	16	260×185	220×140	5	5.25	脚码	通栏	39	38	1482
787×1092	16	260×185	220×140	5	5.25	书眉	通栏	38	38	1444
787×1092	16	260×185	220×148	5	5.25	脚码	通栏	39	40	1560
787×1092	16	260×185	220×153	5	5.25	脚码	双栏	40×2	20	1600
787×1092	16	260×185	220×153	小5	4	脚码	双栏	48×2	23	2208
787×1092	16	260×185	220×153	小5	4	脚码	三栏	48×3	15	2160
787×1092	16	260×185	220×153	小5	4	书眉	双栏	46×2	23	2116

4. 制版网线线数的选择

网线线数是指网屏上每单位长度内单向平行线的数目，一般用线/英寸或线/厘米作单位。数字越大，网线越细，表现层次越丰富；数字越小，网线越粗，形成的网点越大，表现层次就越少。制版时网线线数的选择，要根据视距远近、原稿类别、制版方法、印刷用纸等条件来决定。

网线线数的适用范围如表A-4所示。

表A-4 网线线数适用范围

网线线数(线/英寸)	适 用 对 象	视 距	印刷用纸
80～100	全张宣传画、招贴画、电影海报等	较远	胶版纸
100～133	对开年画、宣传画、教育挂图等	较远	胶版纸
150～175	月历、明信片、画册、画报、书刊封面等	较近	铜版纸 画报纸
175～200	精细画册、古画复制、精致科技插图等	较近	铜版纸

主要参考文献

[1] 刘武辉. 电脑印前图文处理[M]. 北京：海洋出版社，2003.

[2] 张改梅，杨永刚. 纸盒和纸袋印刷300问[M]. 北京：化学工业出版社，2005.

[3] 王亚非，韩晓曼. 平面设计实用手册[M]. 沈阳：辽宁美术出版社，2001.

[4] 柯成恩. 现代报纸印刷与生产[M]. 北京：化学工业出版社，2004.

[5] 赵小林. 平面设计与印刷工艺[M]. 长沙：中南大学出版社，2003.

[6] 张正修，胡更生. 印前图像处理[M]. 长沙：国防科技大学出版社，2002.

[7] 蒂姆•哈洛维. 报刊装帧设计手册[M]. 杜然，译. 北京：中国财政经济出版社，2006.

[8] 李天来. 新视觉设计/活动海报包装袋设计[M]. 香港：博雅艺术有限公司，义之堂文化出版事业有限公司联合出版，1997.

[9] 刘丽. 印刷工艺设计[M]. 武汉：湖北美术出版社，2002.

图书在版编目(CIP)数据

印刷设计/周林一　编著.—武汉:华中科技大学出版社,2008 年 6 月
ISBN 978-7-5609-4456-2

Ⅰ.印…　Ⅱ.周…　Ⅲ.印刷-工艺设计-高等学校-教材　Ⅳ.TS801.4

中国版本图书馆 CIP 数据核字(2008)第 047467 号

印刷设计　　周林一　编著

策划编辑:王连弟
责任编辑:曹　红　　装帧设计:潘　群
责任校对:朱　霞　　**责任监印:张正林**

出版发行:华中科技大学出版社(中国·武汉)
武昌喻家山　　邮编:430074　　电话:(027)87557437

录　排:武汉正佳文化发展有限责任公司
印　刷:湖北新华印务有限公司

开本:880mm×1230mm　1/16　　印张:6.75　　字数:160 000
版次:2008 年 6 月第 1 版　　**印次:2012 年 8 月第 2 次印刷**　　定价:39.80 元
ISBN 978-7-5609-4456-2/TS·7